消防
法規隨身讀
第三冊 消防基準規則

編者簡介

江軍

學歷：國立台灣科技大學建築學博士
英國劍橋大學跨領域環境設計碩士
國立台灣大學土木工程碩士
國立台灣科技大學建築與營建工程雙學士

經歷：力鈞建設有限公司總經理
職安一點通系列作者
大專院校講師

證照：職業安全管理甲級、營造工程管理甲級、建築工程管理甲級、職業安全衛生管理乙級、建築物公共安全檢查認可證、建築物室內裝修專業技術人員登記證、消防設備士、ISO14046、ISO50001主導稽核員證照。

劉誠

學歷：國立陽明交通大學產業防災碩士

證照：職業衛生技師、工業安全技師、消防設備師、消防設備士、職業安全管理甲級、職業衛生管理甲級、甲級廢棄物處理技術員、職業安全衛生管理乙級、製程安全評估人員。

消防法規隨身讀 使用說明

親愛的讀者,您好:

非常感謝您購買本系列套書。對於消防領域的考生或是從業人員來說,消防法規的系統不僅多且繁雜,內容牽涉到許多數字與時間的記憶,更是常常讓人無所適從。因此,我們特別開發了本系列「隨身讀」法規叢書,讓您不論是工作上的需求或是考試需要記憶,都可以放在口袋中隨時翻閱,不再需要厚重的法規叢書,定可讓您一舉摘金。

本書設計特色,請您務必詳閱,定能使本書發揮最大功效:

1. 依照專業類別分冊設計,您不需要一次攜帶全部的法規書。

2. 重點分別以一~三顆星,表示法規之重要程度。

3. 法條文字以橘色字體搭配紅色遮色片,讓您加強關鍵字記憶。

本書符號與標示說明：

NEW = 新修法條，根據本書出版年份最新修正的法條在前面已此符號表示。

★ = 重要度，本書以星號數作為重要度指標，三顆星為最重要，星號越少代表重要程度越低。

📖 = 參考法規附件，由於本書只收錄最重要之法規表格與附件，其他附表與附件請自行至全國法規資料庫下載。

重點 = 重要關鍵字，搭配書後紅色遮色片遮住後關鍵字即會消失。

(刪除) = 法條刪除，已刪除的法條為了避免遺漏，還是會標註於後方。

> 補充重點用框表示，中間可能有編者的額外補充說明。

敬祝 平安順心 試試順利

編者 江軍 劉誠 謹誌

消防基準規則 目錄

第一篇	防火牆及防火水幕設置基準	... 1-1
第二篇	可燃性高壓氣體儲存場所防護牆設置基準	 2-1
第三篇	避難器具支固器具及固定部之結構、強度計算及施工方法	... 3-1
第四篇	二氧化碳滅火設備各種標示規格	 4-1
第五篇	消防幫浦加壓送水裝置等及配管摩擦損失計算基準	 5-1
第六篇	住宅用火災警報器設置辦法	... 6-1
第七篇	防焰性能認證實施要點	 7-1
第八篇	防焰物品或其材料防焰性能試驗標準	 8-1
第九篇	公共危險物品及可燃性高壓氣體製造儲存處理場所設置標準暨安全管理辦法	 9-1

第一章	總則 9-1
第二章	公共危險物品場所設置及安全管理 ... 9-7
	第一節 六類物品場所設置及安全 管理 9-7
	第二節 (刪除) 9-82
第三章	可燃性高壓氣體場所設置及安全 管理 9-83
第四章	附則 9-100

第十篇 建築技術規則 10-1

第四章	防火避難設施及消防設備 10-1
	第一節 出入口、走廊、樓梯 10-1
	第二節 排煙設備 10-18
	第三節 緊急照明設備 10-22
	第四節 緊急用昇降機 10-22
	第五節 緊急進口 10-26
	第六節 防火間隔 10-27
	第七節 消防設備 10-30
第四章之一	建築物安全維護設計 10-35

第一篇

防火牆及防火水幕設置基準

民國95年12月11日

☆☆☆
○check

一、為規範公共危險物品及可燃性高壓氣體設置標準暨安全管理辦法(以下簡稱管理辦法)第三十七條第二款第一目及第三目所定防火牆及防火水幕之設置基準,特訂定本基準。

★★☆
○check

二、假想火面高度為將儲槽水平剖面最大直徑乘以下表所列之數值。

公共危險物品之閃火點	數值
未達攝氏70度	1.5
達攝氏70度以上	1.0

☆☆☆
○check

三、防火牆及防火水幕設置位置為自儲槽側板外壁起,以管理辦法第三十七條第一項第二款附表四所規定距離之邊緣線(以下簡稱距離邊

緣線)與廠區境界線交點之間(如附圖一)。

附圖一：防護位置

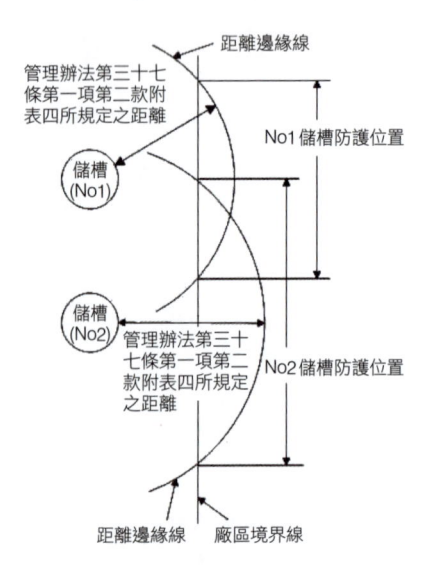

```
                    距離邊緣線
管理辦法第三十七
條第一項第二款附
表四所規定之距離        No1儲槽防護位置
  儲槽
  (No1)


  儲槽
  (No2)  管理辦法第三十
         七條第一項第二    No2儲槽防護位置
         款附表四所規定
         之距離


         距離邊緣線   廠區境界線
```

★☆☆　　四、防火牆及防火水幕防護高度
○check　　　為儲槽側板外壁假想火面與
　　　　　　距離邊緣線所成連線，和地
　　　　　　面廠區境界線所延伸垂線交
　　　　　　點之垂直高度(如附圖二)；

> 如距離邊緣線位於海洋、湖泊、河川等時,其防護高度則為自儲槽側板外壁假想火面與其岸邊所成連線,和地面廠區境界線所延伸垂線交點之垂直高度(如附圖三)。但防護高度未滿2公尺者,以 <u>2</u> 公尺計算。

防火牆及水幕

附圖二:防護高度

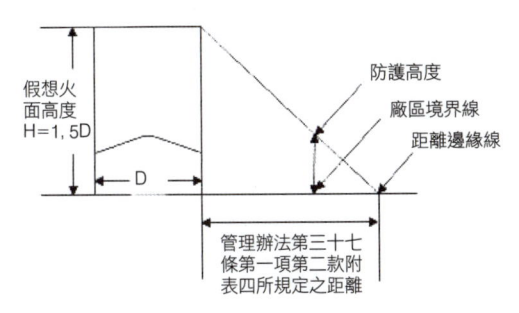

```
假想火面高度
H=1.5D
         ← D →
                    防護高度
                    廠區境界線
                    距離邊緣線

         管理辦法第三十七
         條第一項第二款附
         表四所規定之距離
```

備註: 儲存公共危險物品閃火點達攝氏70度以上者,其假想火面高度為H-D

附圖三：距離邊緣線位於海洋、湖泊、河川等時之防護位置及高度

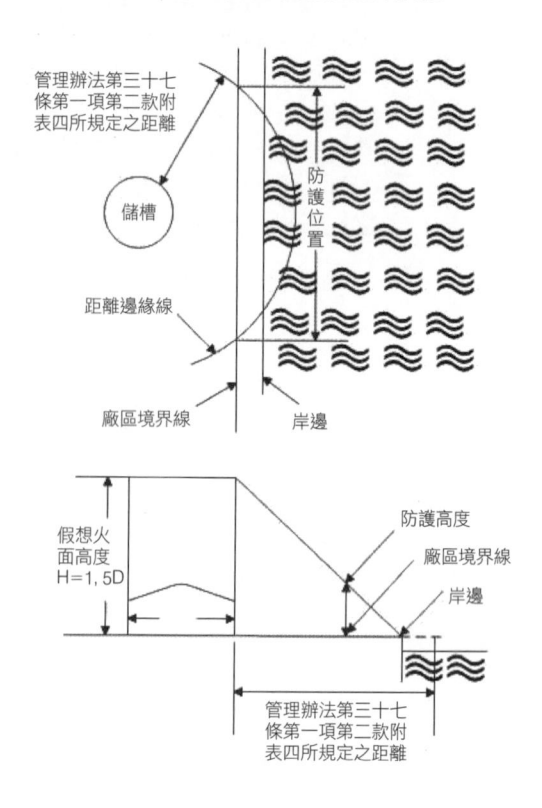

管理辦法第三十七條第一項第二款附表四所規定之距離

儲槽

防護位置

距離邊緣線

廠區境界線　岸邊

假想火面高度 $H=1.5D$

防護高度

廠區境界線

岸邊

管理辦法第三十七條第一項第二款附表四所規定之距離

★★☆
○check

五、防火水幕之防護高度在**10**公尺以下時,其每公尺水幕長度放水量應在每分鐘**100**公升以上;其防護高度超過10公尺者,高度每增加1公尺,放水量每分鐘應增加**10**公升。

★☆☆
○check

六、沿防火水幕設有能以仰角**85**度以上放水之固定式放水槍,且符合下列規定者,其防護高度超過25公尺者,以**25**公尺計算。

(一) 放水槍與防護位置平行,且左右角度範圍在**45**度以上,其放水高度應高於防護高度。但該高度超過40公尺者,以**40**公尺計算。

(二) 放水槍之出水量每分鐘**1500**公升以上。

(三) 放水槍之設置應能有效防護防火水幕設置位置。

(四) 前項放水槍防護範圍指放水槍放水時所形成放水圓弧與地面**25**公尺

防火牆及水幕

1-5

高度處延伸線之兩交點間。

七、防火水幕配管之設置應符合下列規定：
(一) 應為專用。
(二) 應符合國家標準6445、4626或具同等以上強度、耐腐蝕性及耐熱性者。乾式配管部分應施予鍍鋅等防腐蝕處理。
(三) 管徑應依水力計算配置。
(四) 應裝置於不受外來損傷及火災不易殃及之位置。
(五) 配管管系竣工時，應做加壓試驗，試驗壓力為加壓送水裝置全閉揚程1.5倍以上之水壓，須持續2小時無漏水現象。
(六) 防火水幕設備僅防護一個儲槽者(即單一水幕設備)，其配管應設置過濾器及開關閥，配置方式如附圖四。防火水幕設備防護2個以上儲槽者(即同系列水幕

設備），其配管應設置過濾器、選擇閥及止水閥;其防護位置相鄰時，配置方式如附圖五;其防護位置重疊時，配置方式如附圖六。

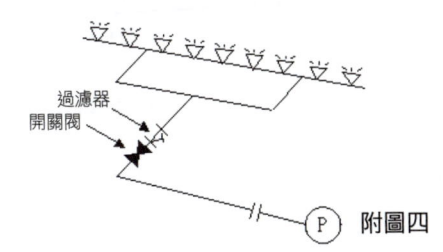

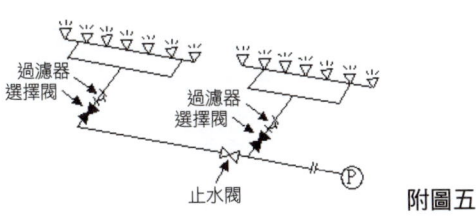

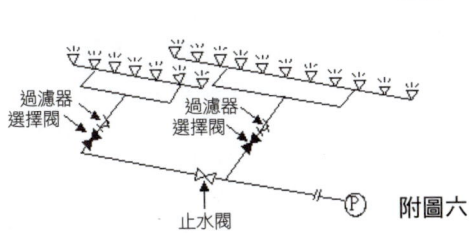

防火牆及水幕

附圖四

過濾器
開關閥

附圖五

過濾器
選擇閥

過濾器
選擇閥

止水閥

附圖六

過濾器
選擇閥

過濾器
選擇閥

止水閥

1-7

(七) 防火水幕設備之配管平時應充滿水。但自開關閥或選擇閥以下至防火水幕噴頭之配管,不在此限。
(八) 配管應設於地面上。但其接合部分及閥類設有可供檢查、維修之措施者,不在此限。
(九) 開關閥及選擇閥應設於儲槽發生火災時得以接近之位置。
(十) 開關閥及選擇閥附近配管應標示防護儲槽編號。

八、防火水幕設備之水源應連結加壓送水裝置,並符合下列規定:
(一) 加壓送水裝置應採用消防幫浦。
(二) 應為專用。但與其他消防設備並用,無妨礙其他設備之性能時,不在此限。
(三) 應連接緊急電源。但加壓送水裝置之驅動系統

為引擎或渦輪機者，免設緊急電源。

(四) 應設在便於檢修，且無受火災等災害損害之處。

(五) 加壓送水裝置啟動後 **6** 分鐘內應能形成水幕。

(六) 加壓送水裝置之幫浦全揚程不得小於下列計算值：

H = h1+h2+h3

H： 幫浦全揚程(單位：m)
h1： 將噴頭設計壓力換算成水頭之值(單位：m)
h2： 配管摩擦損失水頭(單位：m)
h3： 落差(單位：m)

九、防火水幕設備之緊急電源，應使用發電機設備、蓄電池設備或具有相同效果之引擎動力系統，其供電容量時間應符合下列規定：

(一) 儲槽容量未達1萬公秉者為**180**分鐘。

(二) 儲槽容量達1萬公秉以上者為**360**分鐘。

★★★
○check

十、防火水幕設備之水源容量應符合下列規定：
  (一) 儲槽容量未達 **1** 萬公秉者，不得小於防護該儲槽連續放水 **120** 分鐘之水量；儲槽容量達 **1** 萬公秉以上者，不得小於防護該儲槽連續放水 **240** 分鐘之水量。
  (二) 消防用水與普通用水合併使用者，應採取必要措施，確保前款水源容量，在有效水量範圍內。
  (三) 第一款之水源得與其他滅火設備水源併設。但其總容量不得小於防護同一儲槽各滅火設備應設水量之合計。

十一、防火水幕設備之緊急電源、消防幫浦加壓送水裝置及配管摩擦損失等，本基準未規定者，準用「緊急電源容量計算基準」及「消防幫浦加壓送水裝置等及配管摩擦損失計算基準」之規定。

第二篇

可燃性高壓氣體儲存場所防護牆設置基準

民國95年12月08日

一、為規範公共危險物品及可燃性高壓氣體設置標準暨安全管理辦法第七十條第八款所定防護牆之設置基準，特訂定本基準。

二、防護牆分為<u>鋼筋混凝土</u>製、<u>混凝土空心磚</u>製及<u>鋼板</u>製等3種，並應設置於堅固基礎上，對被波及處之耐火及延燒應具有充分阻絕效果，其構造依下表規定：

防護牆種類	厚度	高度	補強材料及構造
鋼筋混凝土製	90mm以上	2000mm以上	鋼筋直徑：9mm以上配筋；縱橫間隔200mm以下，角隅之鋼筋確實綁紮。
混凝土空心磚製	120mm以上	2000mm以上	鋼筋直徑：9mm以上配筋；縱橫間隔300mm以下，角隅之鋼筋確實綁紮且於空胴部充填混凝土漿。

防護牆種類	厚度	高度	補強材料及構造
鋼板製A	3.2mm以上	2000mm以上	角鋼：30mm×30mm以上之等邊角鋼補強：縱橫間隔400mm以下，以交錯斷續填角熔接裝設。支柱：1800mm以下之間隔設置。(50mm×50mm×5mm以上方柱)
鋼板製B	4.5mm以上	2000mm以上	支柱：1800mm以下之間隔設置。(50mm×50mm×5mm以上方柱)

三、防護牆之基礎及牆之計算依建築技術規則建築構造編之相關規定。

四、混凝土空心磚製防護牆之牆縫塗裝面均應粉刷水泥漿，其混凝土空心磚材料應符合國家標準(以下簡稱CNS)8905混凝土空心磚之規定，且不得有龜裂、變形、損傷之情形。

五、鋼板製防護牆之鋼板應施以防銹處理，將鋼板表面清掃，油漆防銹塗料2次後，作修整油漆。

六、混凝土等之配合與強度，除應符合CNS 3090「預拌混凝土」之規定外，其強度並應符合下表規定：

種類	經過28日養生後之抗壓強度
基礎混凝土	140kgf/cm² 以上
鋼筋混凝土	210kgf/cm² 以上

七、防護牆之耐地震力：依建築技術規則及建築物耐震設計規範及解說之相關規定辦理。

八、防護牆之耐風壓力：依建築技術規則建築構造編之相關規定。

九、防護牆之設置應與各設備保持適當距離，不得使洩漏之氣體滯留或妨礙日常作業。

第三篇

避難器具支固器具及固定部之結構、強度計算及施工方法

民國91年12月03日

★★★
○check

壹、設計載重

裝置避難器具之固定部(係指裝設避難器具之樑、柱、樓板等堅固構造或經補強之部分),應能承受表一承載荷重與附加荷重之和(荷重方向依C欄所示)。

表一

避難器具種類	A(承載荷重kgf)	B(附加荷重kgf)	C(荷重方向)
避難梯	有效長度(指避難梯最上方橫桿到最下方橫桿之長度)除以 2m 所得值(小數點以下無條件進位)×195	支固器具重量	垂直方向
緩降機	最大使用人數×390		
滑杆	390		
避難繩索	390		

避難器具種類		A(承載荷重 kgf)			B(附加荷重 kgf)	C(荷重方向)
救助袋	直降式 (袋長：L)	10m ≧ L		660	入口金屬構件重量	垂直方向
		10m< L≤20m		900		
		20m< L≤30m		1035		
		30m< L		1065		
	斜降式 (袋長：L)		上端	下端	入口金屬構件重量(上端部分)	1. 上端部分(俯角 70度) 2. 下端部分(仰角 25度)
		15m ≧ L	375	285		
		15m< L≤30m	585	525		
		30m< L≤40m	735	645		
		40m< L	870	750		
滑台		(上端平台面積每1 m² 330)＋(滑降面長度每1m 130)			滑台重量＋風壓力或地震力較大者	合成力方向
避難橋		每1 m² 330				

註：
1. 風壓力：每 1 m² 之風壓力依下式公式計算。

$$q = 60k\sqrt{n}$$

q：風壓力(kg/m²)
k：風力係數(以1計算)
h：距地面高度(m)
2. 地震力：依照建築技術規則建築構造編第四十四條之一規定(建築物耐震設計規範與解說)。

★★☆
○check

貳、支固器具構造及強度

將避難器具裝置在固定部上之固定器具材料、構造及強度應依下列規定：

一、支固器具之材料

(一) 需符合CNS 2473(一般結構用鋼料)、CNS 4435(一般結構用碳鋼鋼管)，CNS 7141(一般結構用矩形碳鋼鋼管)或CNS 941-953(鋼索)規定或具有同等以上強度與耐久性之材料(以下稱「鋼材」)。

(二) 應為耐蝕性材料，或採取有效之<u>耐蝕處理</u>者。

(三) 如有受雨淋之虞時(限直接接觸外氣部分)，應使用符合CNS 3270(不銹鋼棒)，CNS 8497(熱軋不銹鋼板、鋼片及鋼帶)或CNS 8499(冷軋不銹鋼板、鋼片及鋼帶)，或具有同等以上耐蝕性能者。但收納箱如具耐蝕性

者，不在此限。
二、鋼材之容許應力
　　(一) 鋼材之容許應力，依其種類與品質，應符合表二規定所列數值。

表二

種類與品質		容許應力(kg／cm²)			
		壓縮	拉伸	彎曲	剪斷
一般構造用鋼材	SS 400 STK 400 STKR 400	2400	2400	2400	2400
螺栓	黑皮	／	1900	／	／
	拋光面	／	2400	／	1800

　　(二) 鋼索之容許拉伸應力為剪斷荷重的 1/3。
　　(三) 鋼材的焊接接縫截面之容許應力，依其種類、品質與焊接方法，應符合表三規定所列數值。

表三

種類・品質與焊接方法			容許應力(kg／cm²)			
			壓縮	拉伸	彎曲	剪斷
一般構造用鋼材	SS 400 STK 400 STKR 400	對接	2100	2100	2100	1200
		對接以外	1200	1200	1200	1200

三、 支固器具之強度
支固器具之強度，應能承受壹、設計載重所產生之應力。

★☆☆
○check

參、 支固器具之固定方式
一、 直接裝置在建築物的<u>主要構造</u>部(限樑、柱、樓板等構造上具有足夠強度部分，以下亦同)。
 (一) 鋼骨或鋼筋上焊接<u>螺栓</u>或<u>掛接</u>(前端彎成勾狀之螺栓埋設在混凝土中，以下亦同)施工方法。
 (二) 金屬<u>膨脹錨定螺栓</u>施工方法(限採套管打入法，以下亦同)。
二、 裝置在固定基座上(係指為抵抗施加在支固器具上之外力，而安裝在支固器具上之水泥等重物)。
三、 裝置在採有補強措施時。
 (一) 樑、柱以鋼材夾住，並以螺栓、螺帽固定之施工法。
 (二) 所採施工法不得造成樑、柱之強度降低。

※ 固定在木構造物時，應安裝於寬度 9 公分以上之方形構造材，不得造成木構造之強度降低。
(三) 建築物之樑、柱、樓板等部分或是固定基座的兩面以鋼材等材料補強，並以螺栓貫通固定之施工方法。
四、其他與上揭一至三具同等強度以上之施工方法。

肆、施工基準

★★☆
○check

一、共通施工基準
(一) 螺栓與螺帽應使用符合 CNS 9276(光面鋼棒)，或具同等強度以上與耐久性材料者。另螺紋部分應達 CNS 494(平行管螺紋)規定之標準。
(二) 螺栓應使用標稱 **M10** 以上者。該固定部承受之拉伸應力除以拉伸側螺栓數所得數值，應在表四容許荷重所列數值以下。

表四

螺栓口徑	容許荷重(kgf/支)	
	拉伸荷重	剪斷荷重
M10	1,400	1000
M12	2000	1,500
M16	3,800	2,800
M20	5,900	4,400

(三) 螺栓與螺帽應具耐蝕性，或採有效耐蝕處理者。

(四) 螺栓與螺帽如有受雨淋之虞時，應使用符合CNS 3270 (不銹鋼棒)或具同等耐蝕性能以上者。

(五) 螺栓與螺帽應有彈性墊片、插梢、雙螺帽等防止鬆脫之措施。

(六) 螺栓本體不得有接縫。

(七) 螺栓鎖緊後多餘之螺紋部分應予切除。

(八) 螺栓與螺帽之凸出端，應以護蓋或護套施予有效保護。

二、直接裝置在建築物主要構造部之施工方法
  (一) 鋼骨或鋼筋上焊接或掛接螺栓之施工方法
   1. 以焊接或掛接之螺栓(限有施加拉伸力者)應有**2**支以上,且應分別焊接或掛接在不同之鋼筋上。但在同一根鋼筋上,螺栓相互間隔(指與鄰接螺栓之間,從中心點到下一個中心點間之長度,以下亦同)在0.2m以上者,不在此限。
   2. 供焊接或掛接螺栓之鋼筋,直徑應在**9 mm**以上,長度應在0.9m以上。
   3. 如為鋼骨,應具與鋼筋同等強度以上。
   4. 鋼筋上焊接螺栓時,焊接部應該外加與鋼筋相同直徑、長度**0.3m**以上的加強鋼筋。

5. 掛接之螺栓，須有充分彎曲之彎鉤形狀，以鐵絲等繫緊在鋼筋或鋼骨上。
(二) 以金屬膨脹錨定螺栓之施工方法(輕形混凝土或氣泡混凝土製造者除外)
1. 埋入深度與間隔
    (1) 埋入深度(稱套管長度，以下亦同)除裝飾部分(指表面上灰泥漿之部分，以下亦同)的厚度外，應依照表五之金屬膨脹錨定螺栓口徑，配合埋入深度，依所列穿孔深度下限值施工。

表五

金屬膨脹錨定螺栓之口徑	埋入深度(mm)	穿孔深度下限(mm)
M10	40	60
M12	50	70
M16	60	90
M20	80	110

避難器具施工

3-9

(2) 對混凝土厚度的穿孔深度之限度,依表六規定。

表六

混凝土厚度 (mm)	穿孔深度下限 (mm)
120	<u>70</u> 以下
150	<u>100</u> 以下
180	<u>130</u> 以下
200	<u>150</u> 以下

2. 金屬膨脹錨定螺栓間之間隔,應為埋入深度之 **3.5** 倍以上。
3. 金屬膨脹錨定螺栓之邊緣開口尺寸,應為其埋入深度 **2** 倍以上長度。
4. 金屬膨脹錨定螺栓應為能鎖緊之<u>螺紋式</u>螺栓。
5. 為使錨定螺栓埋入,在混凝土上所開之開孔,口徑需與該螺栓或金屬膨脹錨定螺栓口徑相等,在開始變成楔形之前螺栓必須

穩固不得搖晃。
6. 配合混凝土設計基準強度的金屬膨脹錨定螺栓,其數量與口徑,應符合下列公式計算出的結果。

$$\frac{F}{N} < P$$

F：固定部產生之應力(kgf)

P：表七所列之容許拉拔荷重(kgf)(混凝土設計基準強度)

N：承受拉伸力之螺栓數。但 **N ≧ 2**。

表七

金屬膨脹錨定螺栓口徑	混凝土設計基準強度 (kgf/cm^2)		
	150以上	180以上	210以上
M10	470	570	670
M12	750	890	1,050
M16	1,090	1,300	1,500
M20	1,850	2,200	2,600

三、裝置在固定基座之施工方法
(一) 為使避難器具容易安裝，需設置鈎環(CNS 3542)(限使用有防止脫離裝置之鈎子)。
(二) 固定基座之重量應為表一📖所列應力之 **1.5** 倍以上。
(三) 固定基座應為鋼筋或鋼骨鋼筋混凝土構造。

四、裝置在採補強措施部分之施工方法
(一) 樑、柱以鋼材夾住，以螺栓螺帽固定之施工方法
1. 為使避難器具容易安裝，應設置鈎環(CNS 3542)(限使用有防止脫離裝置之鈎子)。
2. 鋼材等夾住之部分，固定部之樑、柱需充分鎖緊，不可有搖動之情形。

(二) 主要構造部或固定基座的兩面以鋼材等補強，以螺栓貫通之施工方法(氣泡水泥法除外)。
1. 補強用鋼材應使用厚度 **3.2 mm** 以上及0.1m方形以上平板或具有同等強度以上之型鋼。
2. 螺栓之間隔應在0.2m以上。但螺栓間如有鋼筋，得在0.15m以上。
3. 貫通螺栓(承受拉伸力者)應在 **2** 支以上，該螺栓在鎖緊時須有特別措施，不得有旋轉之情形。

☆☆☆
○check

伍、設置避難器具用升降口(係指收納金屬製避難梯、救助袋等避難器具，保持在隨時可用狀態用之升降口式的支固器具)之施工方法

一、避難器具用升降口之固定方法除依「直接裝置在建築物主要構造部之施工方法」之

3-13

規定外,並應符合下列規定。但如以同等以上施工方法設置時,不在此限。

(一) 埋入避難器具用升降口之地板或陽台等,除應以鋼筋或鋼骨鋼筋混凝土造外,另避難器具用升降口之固定螺栓、托座與鉤子等(以下稱「托架等」)之強度,應符合以下規定。

$$\frac{F}{N} < S$$

F:固定部產生之應力(kgf)

S:材料之容許剪斷荷重(kgf)

N:托架數目。
但 **N ≧ 4**。

(二) 外側有凸緣之避難器具用升降口在嵌入陽台等開口部時,凸緣之強度需能耐表一📖之設計載重。

(三) 以錨定方式安裝在建築物本體之構造者,其固

　　　　　　定處所應有4處以上。
　　(四) 以凸緣安裝在建築物本體之構造者，凸緣之寬度應在5cm以上，且須有4處以上以螺栓等固定在箱體(hutCH)或建築物本體上。
　　(五) 螺栓、螺帽應有彈簧墊片、插梢、雙螺帽等防止鬆脫之措施。
　　(六) 螺栓、螺帽等應採取防止使用者損傷之措施。
二、如有受雨淋之虞時，地板面需適當傾斜，並設置排水設施。
三、設置之護蓋應符合下列規定：
　　(一) 上蓋除可打開約180度外，應符合下列規定：
　　　　1. 於開啟約90度之狀態時蓋子應能固定，除手動操作外，不得關閉。
　　　　2. 應設置把手。
　　(二) 設於室外者，應設置下蓋，並應符合下列規定：

1. 應設有直徑6mm以上之排水口 <u>4</u> 個以上,或設置具同等以上面積之排水口。
2. 應能打開約90度。

(三) 設有踏板時,需具<u>防滑</u>措施。

☆☆☆ ○check

陸、在固定部材料上使用錨定螺栓時,須針對螺栓拉拔之耐力施加相當於設計拉拔荷重之試驗荷重。

該試驗荷重需使用可測定錨定螺栓等拉拔力之器具,以下列公式計算出鎖緊扭力。

T = **0.24DN**

T: 鎖緊扭力(kgf/cm)
D: 螺栓直徑(cm)
N: 試驗荷重(設計拉拔荷重)(kgf)

★☆☆ ○check

柒、斜降式救助袋之下部支撐裝置固定在降落面等之器具(以下稱「固定器具」)之構造、強度及埋設到降落面之方法

一、固定器具之構造與強度：
（一）固定器具需設在具有蓋子之箱子內部，設置可輕易鉤到下部支撐裝置大小之環或橫棒(以下稱「固定環等」)。
（二）固定環等應符合下列規定：
1. 應為直徑 **16mm** 以上之 CNS 3270(不銹鋼棒)或具同等以上強度及耐蝕措施者。
2. 固定環需確實埋入降落面，能承受表八之拉伸荷重，並應有防止固定環脫離之有效措施。

表八

	袋長(m)	荷重(kg重)	荷重方向(下部支撐裝置的展開方向)
斜降式	袋長15以下者	285	仰角25度
	袋長超過15在30以下者	525	仰角25度
	袋長超過30在40以下者	645	仰角25度
	袋長超過40者	750	仰角25度

3. 固定橫棒需具備足夠寬度使下部支撐裝置之鉤子可輕易鉤住，其兩端須以**90**度往垂直方向彎曲，對降落面需充分埋入具備表八所示拉伸荷重，且有防止拉拔措施，如橫棒採用固定在箱子上之施工方法時，箱子須有防止拉拔之裝置。

(三) 箱子與蓋子應符下列規定：
1. 具有能耐車輛等通行之積載荷重強度，且符合CNS 2472(灰口鑄鐵件)規定或具同等以上耐蝕性能者。
2. 蓋子在使用時，其結構應可輕易打開，為防止遺失並應有鍊條連接，且其表面應以不易磨滅方式標示救助袋設置之樓層。

3. 箱子內部應採有效排水措施，以防止積水。
4. 箱子大小需能方便清潔內部。

二、固定器具埋設在降落面之場所，應符合下列規定。

(一) 固定部展開救助袋時，與降落面角度約為 <u>35</u> 度。另應設置於能讓袋子完全展開之避難空地上。

(二) 不可設置於可能會被土石掩埋之場所。

(三) 設置時不得妨礙通行。

第四篇

二氧化碳滅火設備各種標示規格

民國85年07月18日

一、本規格依各類場所消防安全設備設置標準第九十七條規定訂定之。

二、二氧化碳滅火設備使用之各種標示規格應符合下列規定。
   (一) 手動啟動裝置標示規格如下：
      1. 尺寸
         A：**300mm**以上
         B：**100mm**以上
      2. 紅底白字
   (二) 放射表示燈規格如下：
      1. 尺寸
         A：**280mm**以上
         B：**80mm**以上
      2. 字體大小：
         第一行字長、寬為**35mm**以上

第二行字長、寬為 **25mm** 以上
3. 平時底及字樣均為<u>白色</u>
4. 點燈時<u>白</u>底<u>紅</u>字
5. 燈具本體為<u>紅</u>色

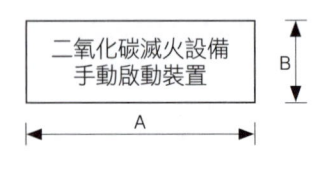

```
┌─────────────────┐
│  二氧化碳滅火設備   │
│   手動啟動裝置     │   B
└─────────────────┘
        A
```

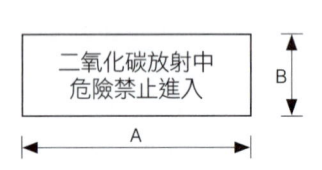

```
┌─────────────────┐
│  二氧化碳放射中    │
│  危險禁止進入      │   B
└─────────────────┘
        A
```

(三) 移動放射方式標式規格如下：
  1. 尺寸
    A：**300mm** 以上
    B：**100mm** 以上
  2. <u>紅</u>底<u>白</u>字

(四) 音響警報裝置標示規格如下，須設於室內明顯之處所：
1. 尺寸
   A：**480mm** 以上
   B：**270mm** 以上
2. **黃**底**黑**字
3. 每字大小為 **25mm** × **25mm** 以上

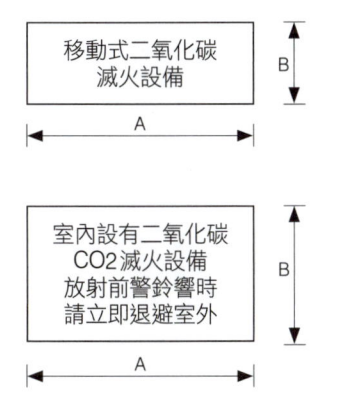

```
┌──────────────────┐  ↑
│   移動式二氧化碳  │  │
│      滅火設備     │  B
└──────────────────┘  ↓
←────────A────────→
```

```
┌──────────────────┐  ↑
│  室內設有二氧化碳 │  │
│   CO2滅火設備     │  │
│   放射前警鈴響時  │  B
│   請立即退避室外  │  │
└──────────────────┘  ↓
←────────A────────→
```

二氧化碳標示

第五篇

消防幫浦加壓送水裝置等及配管摩擦損失計算基準

民國87年02月04日

(通則)

一、本基準依各類場所消防安全設備設置標準(以下簡稱本標準)第一百九十三條規定訂定之。

二、本章技術用語定義如下：
 (一) 加壓送水裝置等：由幫浦、電動機之加壓送水裝置及控制盤、呼水裝置、防止水溫上升用排放裝置、幫浦性能試驗裝置、啟動用水壓開關裝置、底閥等附屬裝置或附屬機器(以下稱附屬裝置等)所構成。
 (二) 幫浦：設置於地面上且電動機與幫浦軸心直結(以聯結器連接)，且屬

單段或多段渦輪型幫浦者。
(三) <u>控制盤</u>：對加壓送水裝置等之監視或操作者。
(四) <u>呼水</u>裝置：水源之水位低於幫浦位置時，常時充水於幫浦及配管之裝置。
(五) 防止水溫上升用<u>排放裝置</u>：加壓送水裝置關閉運轉，為防止幫浦水溫上升之裝置。
(六) <u>幫浦性能試驗</u>裝置：確認加壓送水裝置之全揚程及出水量之試驗裝置。
(七) 啟動用<u>水壓開關</u>裝置：消防栓開關開啟，配管內水壓降低，或撒水頭動作，自動啟動加壓送水裝置之裝置。
(八) <u>底閥</u>：水源之水位低於幫浦之位置時，設於吸水管前端之逆止閥有過濾裝置者。

(幫浦)

☆☆☆
○check

三、幫浦之構造應符合下列規定：
(一) 幫浦之翻砂鑄件內外面均需光滑，不得有砂孔、龜裂或厚度不均現象。
(二) 動葉輪之均衡性需良好，且流體之通路要順暢。
(三) 在軸封部位不得有吸入空氣或嚴重漏水現象。
(四) 對軸承部添加潤滑油之方式，應可從外部檢視潤滑油油面高度，且必須設有補給用之加油嘴或加油孔。
(五) 傳動部分由外側易被接觸位置應裝設安全保護蓋。
(六) 在易生銹部位應做防銹處理，裝設在地面上之幫浦及其固定底架應粉刷油漆。
(七) 固定腳架所使用之螺栓及基礎螺栓，對地應有充份之耐震強度。

配管摩擦損失

(八) 與幫浦相連接之配管系中所使用之凸緣須使用國家標準790、791及792等鐵金屬製管凸緣基準尺度。
四、幫浦各部分所使用之材料應符合下表之規格或使用具同等以上強度,且有耐蝕性者。

零件名稱	材料規格	國家標準總號
幫浦本體	灰口鑄鐵件	CNS 2472
動葉輪	灰口鑄鐵件或青銅鑄件	CNS 2472 或 CNS 4125
主軸	不銹鋼或附有套筒主軸者使用中炭鋼	CNS 4000 或 CNS 3828

五、幫浦之性能應符合下列規定:
(一) 幫浦之出水量及全揚程在下圖所示性能曲線上,應符合下列規定:
1. 幫浦所標示之出水量(以下稱為額定出水量),在其性能曲線上之全揚程必須達到所標示揚程(以下稱為額定揚程)之 **100%** 至 **110%** 之間。

2. 幫浦之出水量在額定出水量之 **150%** 時，其全揚程應達到額定出水量；性能曲線上全揚程之 **65%** 以上。
3. 全閉揚程應為性能曲線上全揚程之 **140%** 以下。

(二) 幫浦之吸水性能應依下表所列之區分在額定出水量下具有最大吸水全揚程以上，且不得有異常現象。

額定出水量(1/min)	900未滿	900以上2700以下	超過2700 5000以下	超過5000 8500以下
最大吸水全揚程(m)	6.0	5.5	4.5	4.0

(三) 幫浦所消耗之動力應符合下列規定：
1. 在額定出水量，其軸動力不得超過馬達之 額定輸出馬力。
2. 在額定出水量 **150%** 時，其軸動力不得超過馬達額定輸出馬力之 **110%**。

(四) 幫浦之效率應依額定出水量，在下圖曲線求其規定值以上者。
(五) 幫浦在啟動時其軸承不得發生過熱，噪音或異常振動現象。

★☆☆
○check

六、幫浦本體必須能耐最高水壓之 **1.5倍** 以上，且加壓 **3** 分鐘後，各部位仍無洩漏現象才算合格(最高揚水壓力係指在全閉揚程換算為水頭壓力，再加上最高之押入壓力之總和)。

☆☆☆
○check

七、幫浦本體應以不易磨滅方式標示下列各項：
(一) 製造廠商名稱或廠牌標誌。
(二) 品名及型式號碼。
(三) 製造出廠年。
(四) 出廠貨品編號。
(五) 額定出水量、額定全揚程。
(六) 出水口徑及進水口徑(如果進出口徑相同時，只須表示一個數據)。
(七) 段數(限多段式時)。

(八) 表示回轉方向之箭頭或文字。

(電動機)

☆☆☆ ○check

八、電動機須使用<u>單向誘導馬達</u>或<u>低壓三相誘導鼠籠式電動機</u>或3KV以上之三相誘導鼠籠式電動機。

☆☆☆ ○check

九、電動機之構造應符合下列規定：
(一) 電動機應能確實動作，對機械強度、電氣性能應具充分耐久性，且操作維修、更換零件、修理須簡便。
(二) 電動機各部分之零件應確實固定，不得有任意鬆動之現象。

★☆☆ ○check

十、電動機之機能應符合下列規定：
(一) 幫浦在額定負荷狀態下，應能順利啟動。
(二) 電動機在額定輸出連續運轉<u>8</u>小時後，不得發生異狀，且在超過額定輸出之<u>10%</u>輸出力運轉<u>1</u>小時，仍不致發生

配管摩擦損失

障礙,引起過熱現象。

☆☆☆ ☐check

十一、電動機之絕緣電阻應符合屋內線路裝置規則之規定。

★☆☆ ☐check

十二、電動機所需馬力依下式計算:

$$L = 0.163 \times Q \times H \times 1/E \times K$$

L:額定馬力(kw)
Q:額定出水量(m^3/min)
H:額定全揚程(m)
E:效率(%)
K:傳動係數(=1.1)

★★☆ ☐check

十三、電動機之啟動方式應符合下列規定:
(一) 使用交流電動機時,應依下表輸出功率別選擇啟動方式。但高壓電動機,不在此限。

輸出功率	啟動方式
11KW未滿	1. <u>直接</u>啟動 2. <u>星角</u>啟動 3. <u>閉路式星角</u>啟動 4. <u>電抗器</u>啟動 5. <u>補償器</u>啟動 6. <u>2次電阻</u>啟動 7. <u>其他</u>特殊啟動方式

輸出功率	啟動方式
11KW 以上	1. <u>星角</u>啟動 2. <u>閉路式星角</u>啟動 3. <u>電抗器</u>啟動 4. <u>補償器</u>啟動 5. <u>2次電阻</u>啟動 6. <u>其他</u>特殊啟動方式

(二) 直流電動機之啟動方式，應使用具有與前款同等以上，能降低啟動電流者。

(三) 當電源切換為緊急電源時，其啟動裝置應具有不必再操作，能繼續運轉之構造。

(四) 使用<u>電磁式星角啟動</u>方式，加壓送水裝置在停止狀態時，應有不使電壓加於電動機線圈之措施。

★☆☆
○check

十四、電動機上面應以不易磨滅方式標示下列之規定。但幫浦與電動機構成一體者得劃一標示之。

(一) 製造<u>廠商</u>或商標。

(二) 品名及<u>型式</u>號碼。

(三) 出廠年、月。

配管摩擦損失

5-9

(四) 額定輸出或額定容量。
(五) 出廠編號。
(六) 額定電壓。
(七) 額定電流(額定輸出時，近似電流值)。
(八) 額定轉速。
(九) 額定種類(如係連續型者可省略)。
(十) 相數及頻率數。
(十一) 規格符號。

(附屬裝置等)

★☆☆
○check

十五、附屬裝置等之控制盤應符合下列規定：
(一) 材料應符合下列規定：
1. 應使用鋼板或其他非可燃性材料製造。
2. 易腐蝕之材料應施予有效防銹蝕處理。
3. 不得裝設在可能遭受火災危害之場所，並須以耐火、耐熱之材料製造。

(二) 控制盤應有下列組件，且以不易磨滅之方式標示之，對於維護檢查，應安全簡便。
1. 操作開關應能直接操作馬達，應有啟動用開關及停止用開關。
2. 表示燈應易於辨認，並區分為電源表示燈(白色)、啟動表示燈(紅色)，呼水槽減水表示燈(橘黃色)，電動機電流超過負載表示燈(橘黃色)，操作回路中使用電磁開關者之電源表示燈(白色)。
3. 儀表應包括電流表、電壓表。但在該控制盤以外地方可以辨認電壓者，得免裝設。

配管摩擦損失

4. 警報裝置應以警鈴、蜂鳴器等或其他發出警告音響裝置，其停鳴、復原需由人直接操作，其種類如下。但不得有因警報鳴動而連帶使馬達自動停止之構造。
   (1) 馬達電流超過額定時之警報裝置。
   (2) 呼水槽減水警報裝置。
5. 控制盤應裝設下列端子：
   (1) 啟動用信號輸入端子。
   (2) 呼水槽減水用輸入端子。
   (3) 警報信號用輸出端子。
   (4) 幫浦運轉信號輸出端子。
   (5) 接地用端子。
   (6) 其他必須用端子。

6. 控制盤內之低壓配線，應使用<u>600V耐熱絕緣電線</u>或同等耐熱效果以上之電線。
7. 控制盤應配備下列之預備品：
   (1) 備用保險絲。
   (2) 線路圖。
   (3) 操作說明書。
(三) 控制盤應以不易磨滅方式標示下列各項：
   1. 製造廠商或廠牌標誌。
   2. 品名及型式號碼。
   3. 製造出廠年月。
   4. 出廠貨品編號。
   5. 額定電壓。
   6. 馬達容量。

★☆☆
○check

十六、呼水裝置應符合下列規定：
(一) 呼水裝置須具備下列機件：
   1. <u>呼水槽</u>。
   2. 溢水用<u>排水管</u>。
   3. <u>補給水管</u>(含止水閥)。

配管摩擦損失

4. 呼水管(含逆止閥及止水閥)。
5. 減水警報裝置。
6. 自動給水裝置。
(二) 呼水槽應使用鋼板,並予有效防銹處理,或使用具有防火能力之塑膠槽。
(三) 應有100公升以上之有效儲存量。
(四) 呼水裝置之各種配管及管徑標準應符合下表規定。

配管	溢水用排水管	補給水管	呼水管
管徑	50A	15A	25A(40A)

註:呼水槽底與呼水管逆止閥中心線間距離在1m以下時,呼水管管徑須為40A以上。

(五) 減水警報之發訊裝置應採用浮筒開關或電極方式,當呼水槽水位降至其容量1/2前,應能發出警報音響至平時有人駐在處。

(六) 呼水槽自動給水裝置應使用自來水管或屋頂水箱，經由球塞自動給水。

★☆☆
○check

十七、防止水溫上升用排放裝置應符合下列規定：
(一) 設呼水槽時，防止水溫上升用排放管應從呼水管逆止閥之靠<u>幫浦側</u>連結，中途應設<u>限流孔</u>，使幫浦在運轉中能排水至呼水槽。
(二) 未設呼水槽時，其防止水溫上升之排放管應從幫浦出水側逆止閥之<u>一次側</u>連接，中途應設<u>限流孔</u>，使幫浦在運轉中能排水至水槽內。
(三) 防止水溫上升用之排放管之配管中途須裝設<u>控制閥</u>。
(四) 防止水溫上升用之排放管應使用口徑<u>15mm</u>以上者。

配管摩擦損失

5-15

(五) 防止水溫上升用之排水管內之流水量，當幫浦在全閉狀態下連續運轉時，不使幫浦內部水溫。值升高攝氏30度以上，其計算方式如下：

$$q = \frac{Ls \times C}{60 \times \Delta t}$$

q：排放水量(公升／分)

Ls：幫浦關閉運轉時之出力(Kw)

C：幫浦運轉時每小時千瓦860千卡(kcal/hr.kw)

△t：幫浦的水溫上昇限度為攝氏30度時每1公升水的吸收熱量(每1公升30千卡)。

十八、幫浦之性能試驗裝置應符合下列各項之規定：

(一) 試驗裝置之配管應從幫浦出口側逆止閥之

一次側分歧接出，中途應裝設流量調整閥及流量計，且為整流在流量計前後留設之直管部分應有適合該流量計性能之直管長度。
(二) 性能試驗裝置裝流量計時，應使用差壓式，並能直接測定至額定出水量。但流量計貼附有流量換算表時，得免使用直接讀示者。
(三) 性能試驗裝置所用配管，應能適應額定出水量之管徑。

十九、啟動用水壓開關裝置應符合下列規定：
(一) 啟動用壓力槽容量應有100公升以上。
(二) 啟動用壓力槽之構造應符合危險性機械及設備安全檢查規則之規定。

(三) 啟動用壓力儲槽應使用口徑 **25mm** 以上配管，與幫浦出水側逆止閥之<u>二次側</u>配管連接，同時在中途應裝置止水閥。

(四) 在啟動用壓力槽上或其近傍應裝設壓力表、啟動用水壓開關及試驗幫浦啟動用之排水閥。

(五) 啟動用水壓開關裝置，其設定壓力不得有顯著之變動。

★☆☆
○check

二十、閥類應符合下列規定。

(一) 加壓送水裝置之閥類應能承受幫浦最高揚水壓力 **1.5** 倍以上壓力，且應具有耐熱及耐腐蝕性或具有同等以上之性能者。

(二) 在出口側主配管上如裝用內牙式閥者，應附有表示開關位置之標識。

(三) 閥類及止水閥應標示其開、關方向，逆止閥應標示水流方向，且應不易被磨滅。

☆☆☆
○check

二十一、底閥應符合下列規定。
　　　　(一) 蓄水池低於幫浦吸水口時，須裝設<u>底閥</u>。
　　　　(二) 底閥應設有過濾裝置且繫以鍊條、鋼索等用人工可以操作之構造。
　　　　(三) 底閥之主要零件，如閥箱、過濾裝置、閥蓋、閥座等應使用國家標準總號2472、8499、及4125之規定者，或同等以上強度且耐蝕性之材料。

☆☆☆
○check

二十二、加壓送水裝置所用壓力表及連成表應使用精度在**1.5**級以上品質者，或具有同等以上強度及性能者。

配管摩擦損失

5-19

(配管摩擦損失計算)

二十三、配管之摩擦損失,應依下列方式計算:

$$H = \sum_{n=1}^{N} Hn + 5$$

(不使用自動警報逆止閥或流水檢知裝置時,

$$H = \sum_{n=1}^{N} Hn$$)

H: 配管摩擦損失水頭(m)

N: Hn數

Hn: 依下列各公式計算各配管管徑之摩擦損失水頭

$$H = 1.2 \frac{Qk^{1.85}}{DK^{4.87}} \left(\frac{I'k + I''k}{100} \right)$$

Q: 標稱管徑K配管之流量(l/min)

D: 標稱管徑K管之內徑絕對值(cm)

I'k: 標稱管徑K直管長之合計(m)

I″k：標稱管徑K接頭、閥等之等價管長之合計(m)。等價管長應依附表一📖、附表二📖、附表三📖按接頭，閥之大小及管別求之。

但 $1.2\dfrac{Qk^{1.85}}{DK^{4.87}}$ 值得依圖一、圖二、圖三按管別，管徑及流量求之。

第六篇

住宅用火災警報器設置辦法

民國99年12月30日

第1條
本辦法依消防法(以下簡稱本法)第六條第四項及第五項規定訂定之。

第2條
本法第六條第四項及第五項所定場所之管理權人,依本辦法規定設置住宅用火災警報器並維護之。
消防機關得依本法第六條第四項所定場所之危險程度,分類列管檢查及複查。
依本法第十條規定審查本法第六條第四項場所之消防安全設備圖說時,將住宅用火災警報器納入審查項目。

第3條
住宅用火災警報器安裝於下列位置:
一、寢室、旅館客房或其他供就寢用之居室(以下簡稱寢室)。

二、廚房。
三、樓梯：
　　(一) 有寢室之樓層。但該樓層為避難層者，不在此限。
　　(二) 僅避難層有寢室者，通往上層樓梯之最頂層。
四、非屬前三款規定且任**1**樓層有超過**7**平方公尺之居室達**5**間以上者，設於走廊；無走廊者，設於樓梯。

設有符合各類場所消防安全設備設置標準之自動撒水設備或同等性能以上之滅火設備(限使用標示溫度在**75**度以下，動作時間在**60**秒以內之密閉型撒水頭)者，在該有效範圍內，得免設置住宅用火災警報器。

第4條
★★☆
○check

住宅用火災警報器依下列方式安裝：
一、裝置於天花板或樓板者：
　　(一) 警報器下端距離天花板或樓板**60**公分以內。
　　(二) 裝設於距離牆面或樑**60**公分以上之位置。

二、裝置於牆面者，距天花板或樓板下方 **15** 公分以上 **50** 公分以下。
三、距離出風口 **1.5** 公尺以上。
四、以裝置於 居室中心 為原則。

第5條
★★☆
☐check

住宅用火災警報器依下表所列種類設置之：

位置	種類
寢室、樓梯及走廊	離子式、光電式
廚房	定溫式

第6條
☆☆☆
☐check

住宅用火災警報器以電池為電源者，於達電壓下限發出提示或聲響時，管理權人即更換電池。

第7條
☆☆☆
☐check

住宅用火災警報器使用電池以外之外部電源者，有確保電源正常供給之措施。

前項電源和分電盤間之配線，不得設置插座或開關，並符合屋內配線裝置規則規定。

第8條
★☆☆
☐check

住宅用火災警報器具備自動試驗功能者，於出現功能異常訊息時更換之；不具備自動試驗功能者，於使用期限屆滿前更換之。

除前項情形外,管理權人依警報器使用說明書檢查住宅用火災警報器,並維持功能正常。

第9條
☆☆☆
○check

本法第六條第四項規定之場所,於本法中華民國99年5月21日修正生效前既設者,應於100年12月31日以前設置住宅用火災警報器。

前項場所於本法中華民國99年5月21日至本辦法發布生效前有新建、增建、改建、用途變更者,應於100年3月31日以前設置住宅用火災警報器。

第10條
☆☆☆
○check

本法第六條第五項規定之場所,於本辦法發布生效前既設者,於中華民國106年12月31日以前設置住宅用火災警報器。

第11條
☆☆☆
○check

本辦法自發布日施行。

第七篇

防焰性能認證實施要點

民國112年12月21日

第1條
☆☆☆
○check

本辦法依消防法(以下簡稱本法)第十一條之一第四項規定訂定之。

第2條
★★★
○check

本法第十一條第一項所稱地毯、窗簾、布幕、展示用廣告板及其他指定之防焰物品,指下列物品:
一、地毯:
　(一) 滿鋪地毯及方塊地毯。
　(二) 人工草皮。
　(三) 面積2平方公尺以上門墊及地墊之地坪鋪設物。
二、窗簾:布質製窗簾,包括一般窗簾、直葉式與橫葉式百葉窗簾、捲簾(含折屏)、隔簾及線簾。
三、布幕:供舞臺或攝影棚使用之布幕。

四、展示用廣告板(以下簡稱合板)：室內展示用廣告合板及舞臺道具用合板。
五、其他指定之防焰物品：指其他經中央主管機關指定之防焰物品。

第3條
★★☆
○check

申請防焰性能認證之業別，其定義如下：
一、製造業：指製造合板以外之防焰物品或其材料者。
二、防焰處理業：指對大型布幕、窗簾或布幕洗濯後防焰物品施予處理，並賦予其防焰性能者。
三、合板製造或防焰處理業：指製造具防焰性能合板或對合板施予處理，並賦予其防焰性能者。
四、進口販賣業：指進口防焰物品或其材料，確認其防焰性能，進而販售者。
五、裁剪、縫製、安裝業：指從事防焰物品或其材料之裁剪、縫製、安裝者。

第4條

★☆☆
○check

前條第一款所定製造業者,應符合下列規定:

一、設置下列防焰處理設備或器具。但其製造之產品材質,不須再經防焰處理即已具防焰性能者,不在此限:
　(一) 鑑別欲施以防焰處理之<u>布料</u>及其他材料之器具。
　(二) 調配防焰藥劑之<u>器具</u>。
　(三) 均勻浸泡、脫水、烘乾之<u>設備</u>。製造地毯,應另設有能使防焰性能均一之設備。

二、設置下列品質管理用機器:
　(一) 測試防焰性能用機器。
　(二) 測試耐洗性能用水洗機或乾洗機。但製造或進口地毯者,不在此限。

三、品質管理方法應符合下列規定:
　(一) 設有適當之品質管理組織。
　(二) 訂有物料、產品之檢查基準及其檢查結果之記錄方法。

防焰性能認證

　　　　四、品質管理部門至少應置 1 名以上防焰處理技術人員。

前項第四款之防焰處理技術人員應具備下列資格之一：
一、專科以上學校化學、化工、紡織、材料、林業、消防或其他相關科系畢業，並有半年以上防焰處理或研究經驗。
二、高級工業職業學校化學、化工、紡織、材料、林業等相關科組畢業，並有1年以上防焰處理或研究經驗。
三、領有中央主管機關核發之防焰處理技術人員講習班結業證書。

第5條
☆☆☆
○check

第三條第二款所定防焰處理業者，應符合下列規定：
一、設置下列防焰處理設備或器具：
　　(一) 鑑別欲施以防焰處理之布料及其他材料之器具。
　　(二) 調配防焰藥劑之器具。
　　(三) 均勻浸泡、脫水、烘乾之設備；其浸泡之器

防焰性能認證

具,應為長100公分以上寬50公分以上高50公分以上之水槽。
(四) 大型布幕無法以浸泡方式進行防焰處理者,得以噴霧塗布之方式,其噴霧器之噴嘴放射壓力不得小於每平方公分 5 公斤或 0.5 百萬帕斯卡(以下簡稱MPa)。
二、品質管理用機器、品質管理方法及防焰處理技術人員之設置,準用前條第一項第二款至第四款及第二項規定。

第6條
☆☆☆
〇check

第三條第三款所定合板製造或防焰處理業者,應符合下列規定:
一、設置下列防焰處理設備或器具:
(一) 鑑別欲施以防焰處理之合板之器具。
(二) 調配防焰藥劑之器具。
(三) 寬90公分以上,能均勻浸泡、烘乾之設備。
(四) 可供減壓至每平方公分 0.4公斤 或 0.04 MPa以下之減壓設備及以每

7-5

　　　　　　平方公分7公斤或0.7 MPa之壓力注入防焰藥劑之加壓設備。
　　(五) 使防焰藥劑均勻摻入黏著劑中，再將黏著劑均勻塗布於合板上之設備及將防焰藥劑均勻塗抹於合板表面之設備。
　　(六) 使合板與表面材緊密貼合之設備。
二、品質管理用機器、品質管理方法及防焰處理技術人員之設置，準用第四條第一項第二款至第四款及第二項規定。

第7條 第三條第四款所定進口販賣業者，其應具備之品質管理用機器及管理方法，準用第四條第一項第二款及第三款規定。

第8條 第三條第五款所定裁剪、縫製、安裝業者，應符合下列規定：
一、訂有進出貨程序及安裝施作方法，並設置施工用工具。
二、品質管理方法，準用第四條第一項第三款第二目規定。

第9條
☆☆☆
○check

> 防焰性能認證

前五條所定業者(以下簡稱申請業者)應檢具下列文件,向中央主管機關登錄之防焰性能認證專業機構(以下簡稱專業機構)申請防焰性能認證:
一、申請書。
二、營業概要說明書。
三、公司登記或商業登記證明文件影本;設有工廠者,應附工廠登記證影本;委由其他公司或工廠製造或處理者,應附委託同意書及該受託公司或工廠之登記證明文件影本。
四、該產品之主要生產設備及流程說明書。
五、防焰處理設備或器具清冊。
六、防焰性能品質管理用機器清冊。
七、防焰處理技術人員資料說明書。
八、防焰物品或其材料品質管理方法說明書。
九、防焰標示管理說明書。
十、防焰性能試驗機構出具之防焰性能試驗合格報告書。

進口販賣業者申請防焰性能認證，得免附前項第三款規定之工廠登記證明文件，另應檢附進口證明文件。

裁剪、縫製、安裝業者申請防焰性能認證，得免附第一項第四款至第七款及第十款規定之文件。

第10條
☆☆☆
○check

專業機構受理前條第一項之申請，經書面審查符合規定者，應依下列規定辦理實地調查：

一、第四條至第六條所定業者申請防焰性能認證，由專業機構實地調查下列事項：
　　(一) 防焰處理設備或器具是否符合依前條第一項第五款規定檢具之清冊。
　　(二) 防焰性能品質管理用機器是否符合依前條第一項第六款規定檢具之清冊。
　　(三) 防焰處理技術人員是否符合依前條第一項第七款規定檢具之說明書，並查核品質管理執行作業。

(四) 防焰物品或其材料品質管理方法是否符合依前條第一項第八款規定檢具之說明書。
二、進口販賣業者申請防焰性能認證,專業機構之實地調查準用前款第二目及第四目規定。
三、裁剪、縫製、安裝業者申請防焰性能認證,專業機構得免實地調查。但經書面審查認有必要者,不在此限。

申請業者之辦公處所及工廠非設於同處者,以至工廠所在地實地調查為原則;必要時,得至申請業者辦公處所實地調查。

專業機構應自受理申請之日起2個月內,將防焰性能認證之審查結果以書面通知申請業者。合格者,由專業機構發給防焰性能認證證書(以下簡稱認證證書)。

取得認證證書之申請業者(以下簡稱防焰業者),始得向專業機構申領防焰標示。

第11條
★☆☆
☐check

認證證書有效期間為 **5** 年,其應記載事項如下:
一、認證年月日、字號及有效期間。
二、防焰業者名稱、統一編號及地址。
三、負責人姓名。
四、登錄號碼。
五、業別及項目。
六、專業機構名稱。
七、其他經中央主管機關規定之事項。

前項第四款登錄號碼,依中央主管機關公告之業別代號、地區別及序號編號編列。

認證證書遺失或毀損者,得向原專業機構申請補發或換發;換發或補發之認證證書有效期間,與原證書相同。

第12條
☆☆☆
☐check

防焰業者原申請內容有下列情形之一者,應自事實發生次日起 **30** 日內,檢具相關證明文件,向原專業機構申請變更第九條第一項各款資料:
一、防焰業者名稱、地址或負責人變更。

二、防焰處理技術人員變更。
三、工廠或轉包工廠變更或追加。
四、防焰處理設備、器具或品質管理用機器變更。
五、品質管理組織或檢查基準等品質管理方法有重大變更。

專業機構受理前項申請，應依第十條規定審查。但前項第一款之變更事項，得免實地調查。

第一項第一款之變更事項經審查符合規定者，由專業機構換發認證證書，其有效期間，與原證書相同。

第13條
☆☆☆
○check

防焰業者有下列情事之一者，專業機構應註銷其認證證書，並登載於所設之資訊網站(以下簡稱資訊網站)及函知中央主管機關：
一、申請文件不實或以詐欺、脅迫或賄賂方法取得防焰性能認證。
二、解散或歇業。
三、經主管機關註銷、撤銷或廢止其公司登記、商業登記或工廠登記。

四、工廠抽樣或市場購樣檢驗，其產品未符防焰性能，經依第十八條第二項規定通知限期改善或繳回防焰標示，屆滿六個月仍未完成改善或繳回。

五、其他重大違規事項。

經專業機構依前項註銷認證證書之防焰業者，5年內不得重新申請認證。但依前項第二款及第三款規定註銷認證證書者，不在此限。

第14條
☆☆☆
○check

防焰業者於認證證書有效期間屆滿2個月前，得檢具第九條規定文件及原認證證書正本，向原專業機構申請延展，每次延展有效期間為5年；逾期申請延展者，應重新申請防焰性能認證。

前項延展，經依第十條規定書面審查符合規定者，由原專業機構換發認證證書。但防焰業者於原認證證書有效期間曾有第十八條第一項各款情形之一者，專業機構應實施實地調查。

第15條

★★☆
◯check

防焰業者應檢附下列文件向原專業機構申請防焰標示：
一、申請書。
二、認證證書影本。
三、生產、進口數量或其他證明文件。

專業機構核發防焰標示之方式、種類及數量規定如下：
一、材料防焰標示：防焰業者應於防焰性能試驗合格後，依生產或進口數量申請發給；方塊地毯每次不得超過400張，滿鋪地毯每次不得超過200張，其他防焰物品每次不得超過100張；數量超過者，應檢附相關訂單證明。
二、物品防焰標示：防焰業者應檢附材料防焰標示申請發給，每月申領數量及庫存數量合計窗簾類不得超過2000張、地毯不得超過1000張；數量超過者，應檢附防焰標示領用及使用紀錄、工程契約書或合約書等證明。

防焰性能認證

三、一張材料防焰標示得申請之物品防焰標示數量如下表：

種類 (單位：捲)	窗簾(隔簾除外)	隔簾	布幕	滿鋪地毯
張數	50	20	5	10

四、1箱方塊地毯應附加1張<u>材料</u>防焰標示；5張方塊地毯材料防焰標示得申請1張<u>物品</u>防焰標示。

五、防焰業者未附材料防焰標示者，依各該類試驗合格號碼每週得申請窗簾類物品防焰標示**20**張、地毯類物品防焰標示**5**張，每月申領數量及庫存數量合計窗簾類不得超過**40**張、地毯類不得超過**10**張；數量超過者，應檢附防焰標示領用及使用紀錄、工程契約書或合約書等證明。

六、再加工防焰處理業者應於經再加工防焰處理產品之物品防焰標示上註明該產品之試驗合格號碼，並依實際處理產品數量申請物品防焰標示。

七、有下列情形之一,且防焰業者檢附相關足資證明資料者,專業機構得核實發給:
(一) 作窗簾使用之布幕類產品。
(二) 窗簾尺寸特殊,窗數多且尺寸小。
(三) 地毯鋪設坪數小且隔間多之場所。
(四) 地毯鋪設於坪數小且使用多款產品之場所,而未能檢附材料防焰標示者。
(五) 依實際數量使用之合板及其他經中央主管機關指定之防焰物品。

本條文有附件

第16條
☆☆☆
○check

防焰標示之樣式如附表一,其規格由中央主管機關公告之。
防焰標示應依防焰物品或其材料之種類及洗濯處理種類,採張貼、縫製、鑲釘、崁釘或懸掛等附加方式,標示於各防焰物品或其材料本體顯著處;其附加方式應符合附表二規定。

第17條 附加防焰標示之防焰物品使用於本法第十一條第一項之建築物或場所後，有部分毀損、遺失、脫落者，應由原防焰業者檢具申請書向專業機構申請補發防焰標示。

前項原防焰業者之認證證書經註銷者，得由前項建築物或場所管理權人委託其他防焰業者檢具申請書向專業機構申請，專業機構應會同當地直轄市、縣(市)主管機關至該場所抽樣，並經防焰性能試驗合格後，補發防焰標示。

第18條 防焰業者有下列情事之一者，專業機構應停止核發防焰標示：
一、防焰物品或其材料未依第十六條第二項規定附加防焰標示，經通知限期改善，屆期未改善。
二、無正當理由拒絕工廠抽樣或市場購樣檢驗。
三、經工廠抽樣或市場購樣檢驗，其產品未符防焰性能。
四、以不正當方法取得防焰標示或將防焰標示轉讓他人。

五、未依第十二條第一項規定申請變更資料。
六、經公司登記、商業登記或工廠登記主管機關核准停業,尚未復業。
七、未依第二十條第一項規定按時提報其品質管理紀錄或未依第二十一條第一項規定記載其防焰標示之使用情形,經通知限期改善,屆期未改善。
八、認證證書經註銷或有效期間屆滿未申請延展。
九、申請註銷防焰標示。

防焰業者有前項第二款至第四款情形之一者,專業機構得通知限期改善,並繳回已核發尚未使用之防焰標示;有前項第八款或第九款情形之一者,專業機構應限期防焰業者繳回已核發尚未使用之防焰標示。防焰業者屆期仍不繳回防焰標示,專業機構應予註銷之。

第19條 專業機構應依防焰業者及防焰性能認證試驗合格產品種類予以編號登錄,並將該業者及其防焰產

品等資訊，登載於資訊網站，隨時更新。其經停止核發防焰標示者，亦同。

第20條
☆☆☆
☐check

第四條至第七條之防焰業者，應於其產品製造、防焰處理出廠或進口販賣前，依實際生產製造或進口批次數量，逐批進行品質管理之防焰性能試驗，並將實施情形製成紀錄，於每月 **10** 日前提送專業機構備查，並至資訊網站登錄。

前項防焰性能試驗及紀錄，防焰業者得委託專業機構辦理。

第21條
☆☆☆
☐check

防焰業者應置專人管理防焰物品或其材料進出貨情形及領用之防焰標示，防焰標示每月之使用情形紀錄至少保存 **10** 年，並於每月 **10** 日前至資訊網站登錄。

前項防焰標示之管理、使用情形及防焰相關書表，專業機構得實施查核或調閱。

第22條
☆☆☆
☐check

中央主管機關得委由專業機構會同當地直轄市、縣(市)主管機關，就取得防焰標示之物品或其材料進行工廠抽樣或於市場購樣

檢驗，業者不得規避、妨礙或拒絕。
前項工廠抽樣或市場購樣檢驗之試驗結果，應與第二十條第一項規定之防焰性能試驗紀錄比對查核。

第23條 本辦法自發布日施行。
☆☆☆
〇check

第八篇

防焰物品或其材料防焰性能試驗標準

民國 112 年 12 月 21 日

第1條 本標準依消防法(以下簡稱本法)第十一條之一第二項規定訂定之。

第2條 本標準適用對象為未取得防焰標示之地毯、窗簾、布幕、展示用廣告板及其他指定之防焰物品或其材料。

第3條 本標準用詞,定義如下:
一、點火時間:指自火源點火接觸試體時起,至停止接觸之時間。
二、餘焰時間:指自點火時間終了時起,試體之火焰繼續燃燒之時間。
三、餘燃時間:指自點火時間終了時起,至試體停止燃燒之時間。

8-1

四、碳化面積：指試體經加熱燃燒後碳化部分之面積。
五、碳化距離：指試體經加熱燃燒後碳化部分之最大長度。
六、接焰次數：指試體經接觸火源至完全熔融燃燒時之所需接觸火源次數。

第4條
★★☆
○check

進行防焰物品或其材料燃燒試驗之試驗設備及燃料，應符合下列規定：
一、燃燒試驗裝置：燃燒試驗箱(如附圖一)、窗簾及布幕(以下統稱纖維製品)用試體固定框(如附圖二)、地毯用試體固定框及耐火板材(如附圖三)、展示用廣告板用試體固定框(如附圖四)、電氣火花發生裝置(如附圖五)、小焰燃燒器(如附圖六)、試體支撐線圈(如附圖七)、空氣混合燃燒器(如附圖八)及大焰燃燒器(如附圖九)。
二、試體支撐線圈應為直徑0.5公釐之硬質不銹鋼線製成，內徑10公釐，螺旋線間距2公釐，長度15公分。

三、燃料：應使用中華民國國家標準(以下簡稱CNS) 12951：1992規定之第二種四號液化石油氣。

具耐水洗性能或耐乾洗性能之纖維製品，洗濯設備應符合下列規定：

一、水洗機器設備：包括水洗機、脫水機及乾燥(烘乾)機等，其構造及性能應符合下列規定。但具同等性能以上者，不在此限：

(一) 水洗機：具有附圖十所示構造之洗衣槽，內部深度50公分至60公分，內徑45公分至61公分之多孔圓筒，筒內有3片高7.5公分，彼此相隔120度裝置之葉片，且能保持攝氏60度正負2度水溫，洗衣槽之運轉以內筒每分鐘37轉之速度，按順轉15秒後，暫停3秒，再反轉15秒，暫停3秒之方式反覆進行。

(二) 脫水機：可達每分鐘1200轉之離心脫水機。
(三) 乾燥機：可保持攝氏60度正負2度恆溫構造者。
二、乾洗機器設備：包括乾洗機、脫水機及乾燥(烘乾)機等，其構造及性能應符合下列規定。但具同等性能以上者，不在此限：
(一) 乾洗機：具有附圖十一所示構造之圓筒型洗濯機，圓筒容量為11.34公升，旋轉軸角度為50度，旋轉速度每分鐘45轉至50轉。
(二) 脫水機：可達每分鐘1200轉之離心脫水機。
(三) 乾燥機：可保持攝氏60度正負二度恆溫構造者。

各類防焰物品進行試驗所需設備及試驗方法如附表📖。

第5條
★☆☆
○check

地毯之燃燒試驗應依下列程序進行：
一、取樣：自1平方公尺以上之地毯表面裁取長**40**公分寬**22**公分之試體**6**片，其中經向數量及燃燒接觸面正面3片，緯向數量及燃燒接觸面正面3片。
二、前處理：將試體置於攝氏50度正負2度之恆溫乾燥箱內24小時後，再將試體置於裝有矽膠乾燥劑之乾燥器中2小時以上；試體組成毛簇之纖維為毛百分之百，且不受熱影響者，得置於攝氏105度正負2度之恆溫乾燥箱內1小時後，再將試體置於裝有矽膠乾燥劑之乾燥器中2小時以上。
三、試驗：
(一) 以45度<u>空氣混合焰法</u>進行試驗。
(二) 將試體置於厚度8公釐之耐火板材上，再以試體固定框壓住固定。

防焰性能試驗

(三) 空氣混合燃燒器之火焰長度為24公釐。
(四) 空氣混合燃燒器置於水平後，應調整火焰前端至距離試體表面1公釐，燃燒氣體之氣壓應為每平方公分0.04公斤(400毫米水柱)。
(五) 試體之點火時間為 **30** 秒。
(六) 測定餘焰時間及碳化距離。

第6條
☆☆☆
○check

纖維製品之燃燒試驗應依下列程序進行：

一、取樣：自2平方公尺以上之纖維製品裁取長**35**公分寬**25**公分之試體3片，其中經向數量與燃燒接觸面正面及反面各1片，緯向數量及燃燒接觸面正面1片。

二、前處理：
(一) 試體應置於攝氏50度正負2度之恆溫乾燥箱內24小時後，再將試體置於裝有矽膠乾燥劑之乾燥器中2小時以

上；試體不受熱影響者，得置於攝氏105度正負2度之恆溫乾燥箱內1小時。
(二) 屋外使用之纖維製品，於放入恆溫乾燥箱乾燥前，應先於攝氏50度正負2度之溫水中浸泡30分鐘。

三、試驗：
(一) 每平方公尺質量450公克以下之纖維製品(以下簡稱薄纖維製品)以45度小焰燃燒器法，每平方公尺質量超過450公克之纖維製品(以下簡稱厚纖維製品)以<u>45度大焰燃燒器法</u>進行試驗。
(二) 試體應平整緊密夾於試體固定框。
(三) 小焰燃燒器之火焰長度為45公釐，大焰燃燒器之火焰長度為65公釐。

(四) 燃燒器之火焰頂端應與試體之中央下方部位接觸。
(五) 試體之點火時間,薄纖維製品為1分鐘,厚纖維製品為2分鐘。
(六) 測定餘焰時間、餘燃時間及碳化面積。

第7條
☆☆☆
○check

纖維製品依前條規定進行燃燒試驗後,如有下列情形之一者,應另取試體進行燃燒試驗:
一、試體為於點火時間內著火之纖維製品:
(一) 取樣:自2平方公尺以上之纖維製品裁取長<u>35</u>公分寬<u>25</u>公分之試體2片,其中經向數量及燃燒接觸面正面1片,緯向數量及燃燒接觸面反面1片。
(二) 前處理:依前條第二款規定辦理。
(三) 試驗:依前條第三款第二目至第四目規定辦理,試體之點火時間,

薄纖維製品為著火後3秒，厚纖維製品為著火後6秒，即移除火源，並測定餘焰時間、餘燃時間及碳化面積。
二、試體為經接觸火源產生收縮之纖維製品：
(一) 取樣：自2平方公尺以上之纖維製品裁取長35公分寬25公分之試體3片，其中經向數量與燃燒接觸面正面1片及反面1片，緯向數量及燃燒接觸面正面1片。
(二) 前處理：依前條第二款規定辦理。
(三) 試驗：以45度鬆弛法進行，於試體固定框內側長250公釐寬150公釐之範圍內，置放長263公釐寬158公釐之試體，使各邊鬆垂5%，並依前條第三款第三目至第五目規定辦理，測定碳化距離。

三、試體為經接觸火源產生熔融之纖維製品：
(一) 取樣：自2平方公尺以上之纖維製品裁取寬10公分重1公克之試體5片，為長20公分寬10公分而重量仍未滿1公克時，則不計其重量，以長20公分為準，其中經向數量與燃燒接觸面正面2片及反面1片，緯向數量與燃燒接觸面正面1片及反面1片。
(二) 前處理：依前條第二款規定辦理。
(三) 試驗：
1. 以45度線圈法進行試驗。
2. 將試體捲曲後，插入支撐線圈。
3. 小焰燃燒器之火焰長度為45公釐。
4. 燃燒器之火焰前端應接觸試體下端，試體經引燃至停止熔

　　　　　　　　融且停止燃燒為止。
　　　　　5. 調整試體位置，使殘餘試體之最下端與火焰接觸，重複施作本目之四之程序試驗，直至試體之下端起至9公分處均燃燒熔融為止。
　　　　　6. 測定接焰次數。

第8條　具耐水洗性能之纖維製品除依前二條規定進行燃燒試驗外，須另取試體依下列規定進行洗濯處理後，再依前二條規定進行燃燒試驗：
一、取樣：自2平方公尺以上之纖維製品裁取長45公分寬35公分之試體5片；材質為經接觸火源產生收縮之纖維製品，應取8片；材質為經接觸火源產生熔融之纖維製品，應取6片。試體之布邊如有纖維解開或鬆脫之虞者，應於洗濯前施以拷克等適當措施。

二、洗濯：
(一) 洗衣槽內之水位應淹至14公分深度，並於攝氏60度正負2度之溫水中，以0.1%比例加入無添加劑之粉狀洗滌用肥皂。
(二) 試體應共重1.36公斤，重量不足時，需以一般未具防焰性能之聚酯纖維白布補足。
(三) 洗濯時，以保持攝氏60度正負2度之水溫，運轉15分鐘。
(四) 以攝氏40度正負2度之清水，連續清洗3次，每次5分鐘，每次清洗所需水量與第一目規定相同。
(五) 施以脫水2分鐘。
(六) 乾燥烘乾時，應於攝氏60度正負2度狀態下進行。
(七) 應依前六目規定連續進行5次水洗。

第9條
☆☆☆
〇check

具耐乾洗性能之纖維製品除依第六條及第七條規定進行燃燒試驗外,須另取試體依下列規定進行洗濯處理後,再依第六條及第七條規定進行燃燒試驗:
一、取樣:依前條第一款規定辦理。
二、洗濯:
　(一) 處理液:四氯乙烯或符合CNS 14797礦物型溶劑規定之一般型甲類,每100毫升對陰離子界面活性劑1克,其磺基琥珀酸二辛酯,純度60%以上,酒精不溶分3.5%以下;非離子界面活性劑1公克,其含8莫耳數之氧化乙烯,水分1/100以下,曇點1%水溶液,攝氏25度至35度及水0.1毫升之混合液。
　(二) 將處理液4公升及試體300公克,放入圓筒內洗濯15分鐘;質量不足300公克者,以一般

　　　　　　　未具防焰性能之聚酯纖
　　　　　　　維布片補足。
　　　　(三) 施以脫液2分鐘，脫液
　　　　　　　後，自然乾燥或於攝氏
　　　　　　　60度正負2度狀態下乾
　　　　　　　燥烘乾。
　　　　(四) 應依前三目規定連續進
　　　　　　　行5次乾洗。
　　　　(五) 第5次洗濯後應施以潔
　　　　　　　淨之四氯乙烯充分洗清
　　　　　　　2次，每次5分鐘，再
　　　　　　　依第三目規定進行乾燥
　　　　　　　烘乾處理。

第10條 展示用廣告板之燃燒試驗應依下列程序進行：
一、取樣：自1.6平方公尺以上之展示用廣告板裁取長<u>29</u>公分寬<u>19</u>公分之試體<u>3</u>片，其中經向數量與燃燒接觸面正面及反面各1片，緯向數量及燃燒接觸面正面1片。
二、前處理：將試體置於攝氏40度正負5度之恆溫乾燥箱內24小時後，再將試體置於裝有矽膠乾燥劑之乾燥器中2小時以上。

三、試驗：
(一) 以45度大焰燃燒器法進行試驗。
(二) 將試體固定於試體固定框。
(三) 大焰燃燒器之火焰長度為65公釐。
(四) 燃燒器之火焰前端應與試體之中央下方部位接觸。
(五) 試體之點火時間為2分鐘。
(六) 測定餘焰時間、餘燃時間及碳化面積。

第11條
★★★
☐check

各類防焰物品或其材料之防焰性能試驗結果符合下列條件者，具有防焰性能：
一、地毯：餘焰時間在**20**秒以下；碳化距離在**10**公分以下。
二、纖維製品：
(一) 餘焰時間：薄纖維製品在**3**秒以下，厚纖維製品在**5**秒以下。
(二) 餘燃時間：薄纖維製品在**5**秒以下，厚纖維製品在**20**秒以下。

(三) 碳化面積：薄纖維製品在 30 平方公分以下，厚纖維製品在 40 平方公分以下。
三、試體為於點火時間內著火之纖維製品：餘焰時間、餘燃時間及碳化面積同第二款規定。
四、試體為經接觸火源產生收縮之纖維製品：碳化距離在 20 公分以下。
五、試體為經接觸火源產生熔融之纖維製品：接焰次數應達 3 次以上。
六、展示用廣告板：餘焰時間在 10 秒以下；餘燃時間在 30 秒以下；碳化面積在 50 平方公分以下。

試驗數值之計量單位，時間以秒計，長度以公分計，面積以平方公分計，以四捨五入取至整數位。

第12條 本標準自發布日施行。

☆☆☆
○check

第九篇

公共危險物品及可燃性高壓氣體製造儲存處理場所設置標準暨安全管理辦法

民國 113 年 07 月 16 日

第一章 總則

第1條 本辦法依消防法(以下簡稱本法)第十五條第二項規定訂定之。

第2條 公共危險物品及可燃性高壓氣體之製造、儲存或處理場所之位置、構造、設備之設置標準及儲存、處理、搬運之安全管理，依本辦法之規定。但因場所用途、構造特殊，或引用與本辦法同等以上效能之技術、工法、構造或設備，適用本辦法確有困難，於檢具具體證明經中央主管機關認可者，不在此限。

第3條
★★★
○check

公共危險物品之範圍及分類如下：
一、第一類：氧化性固體。
二、第二類：易燃固體。
三、第三類：發火性液體、發火性固體及禁水性物質。
四、第四類：易燃液體及可燃液體。
五、第五類：自反應物質及有機過氧化物。
六、第六類：氧化性液體。
前項各類公共危險物品之種類、分級及管制量如附表一。

第4條
★★★
○check

可燃性高壓氣體，係指符合下列各款規定之一者：
一、在常用溫度下或溫度在攝氏35度時，表壓力達每平方公分**10**公斤以上或100萬帕斯卡(MPa)以上之壓縮氣體中之氫氣、乙烯、甲烷及乙烷。
二、在常用溫度下或溫度在攝氏15度時，表壓力達每平方公分**2**公斤以上或零點200萬帕斯卡(MPa)以上之壓縮乙炔氣。
三、在常用溫度下或溫度在攝氏35度以下時，表壓力達每平

方公分 **2** 公斤以上或 0.2 百萬帕斯卡(MPa)以上之液化氣體中之丙烷、丁烷及液化石油氣。
四、其他經中央主管機關指定之氣體。

第5條
★☆☆
○check

公共危險物品製造場所,係指從事第一類至第六類公共危險物品(以下簡稱六類物品)製造之作業區。可燃性高壓氣體製造場所,係指從事製造、壓縮、液化或分裝可燃性高壓氣體之作業區及供應其氣源之儲槽。

第6條
★★☆
○check

公共危險物品儲存場所,係指下列場所:
一、室外儲存場所:位於建築物外以儲槽以外方式儲存六類物品之場所。
二、室內儲存場所:位於建築物內以儲槽以外方式儲存六類物品之場所。
三、室內儲槽場所:在建築物內設置容量超過 **600** 公升且不可移動之儲槽儲存六類物品之場所。

四、<u>室外儲槽</u>場所：在建築物外地面上設置容量超過 <u>600</u> 公升且不可移動之儲槽儲存六類物品之場所。

五、<u>地下儲槽</u>場所：在地面下埋設容量超過 <u>600</u> 公升之儲槽儲存六類物品之場所。

可燃性高壓氣體儲存場所，係指可燃性高壓氣體製造或處理場所設置之容器儲存室。

第7條
★☆☆
○check

公共危險物品處理場所，指下列場所：

一、販賣場所：
　(一) 第一種販賣場所：販賣裝於容器之六類物品，其數量未達管制量 <u>15</u> 倍之場所。
　(二) 第二種販賣場所：販賣裝於容器之六類物品，其數量達管制量 <u>15</u> 倍以上，未達 <u>40</u> 倍之場所。

二、一般處理場所：除前款以外，其他一日處理六類物品數量達管制量以上之場所。

可燃性高壓氣體處理場所，指下列場所：
一、販賣場所：販賣裝於容器之可燃性高壓氣體之場所。
二、容器檢驗場所：檢驗供家庭用或營業用之液化石油氣容器之場所。
三、容器串接使用場所：使用液化石油氣作為燃氣來源，其串接使用量達 **80** 公斤以上之場所。

第8條
NEW
★★☆
○check

本辦法所稱高閃火點物品，指閃火點在攝氏 **100** 度以上之第四類公共危險物品。

本辦法所定擋牆，應符合下列規定：
一、設置位置距離場所外牆或相當於該外牆之設施外側 **2** 公尺以上。但室內儲存場所儲存第五類公共危險物品分級屬A型或B型，其位置、構造及設備符合第二十八條規定者，不得超過該場所應保留空地寬度之1/5，其未達2公尺者，以2公尺計。
二、高度能有效阻隔延燒。

三、厚度在 <u>15</u> 公分以上之鋼筋或鋼骨混凝土牆；或厚度在20公分以上之鋼筋或鋼骨補強空心磚牆；或堆高斜度不超過 <u>60</u> 度之土堤。

本辦法所稱室內，指具有<u>頂蓋</u>且<u>三面</u>以上有牆，或無頂蓋且四周有牆者。

本辦法所定保留空地，以具有土地所有權或土地使用權者為限。

依本辦法應設置超過3公尺保留空地寬度之場所，其保留空地面臨海洋、湖泊、水堰或河川者，得縮減為<u>3</u>公尺。

第9條 公共危險物品及可燃性高壓氣體之製造、儲存或處理場所，其消防安全設備之設置，依各類場所消防安全設備設置標準(以下簡稱設備標準)及其他有關法令規定辦理。

第10條 (刪除)

第11條 經營公共危險物品及可燃性高壓氣體之公司商號，商業主管機關核准登記後應副知當地消防機關。

第12條

無法依第三條第二項附表一判定類別或分級者，應由管理權人送經財團法人全國認證基金會認證通過之測試實驗室或中央主管機關公告之機構進行判定。但經中央主管機關公告之國外實驗室判定報告、原廠物質安全資料表或相關證明資料，足資判定者，不在此限。

管理權人應將前項判定報告或相關證明資料，提報當地消防機關，以供判定。

第二章 公共危險物品場所設置及安全管理

第一節 六類物品場所設置及安全管理

第13條

六類物品製造場所及一般處理場所，其外牆或相當於該外牆之設施外側，與廠區外鄰近場所之安全距離如下：

一、與下列場所之距離，應在50公尺以上：
  (一) 古蹟。
  (二) 設備標準第十二條第二款第四目所列場所。

> 圖書館、博物館、美術館、陳列館、史蹟資料館、紀念館及其他類似場所。

　　二、與下列場所之距離,應在<u>30</u>公尺以上:
　　　　(一) 設備標準第十二條第一款第一目至第五目、第七目、第二款第一目、第二目及第五目至第十一目規定之場所,其收容人員在<u>300</u>人以上者。

> 電影院、健身房、旅館、三溫暖、商場、百貨、餐廳、車站、金融機構、寺廟、集合住宅、體育館、游泳池、倉庫等。

　　　　(二) 設備標準第十二條第一款第六目、第二款第三目及第十二目規定之場所,其收容人員在<u>20</u>人以上者。

醫院、學校及補習班、福利安養機構、幼兒園。

三、與公共危險物品及可燃性高壓氣體製造、儲存或處理場所、加油站、加氣站、天然氣儲槽、可燃性高壓氣體儲槽、爆竹煙火製造、儲存、販賣場所及其他危險性類似場所之距離，應在<u>20</u>公尺以上。

四、與前三款所列場所以外場所之距離，應在<u>10</u>公尺以上。

五、與電壓超過35000伏特之高架電線之距離，應在<u>5</u>公尺以上。

六、與電壓超過7000伏特，35000伏特以下之高架電線之距離，應在<u>3</u>公尺以上。

前項安全距離，於製造場所及一般處理場所設有<u>擋牆</u>防護或具有同等以上防護性能者，得<u>減半</u>計算之。

一般處理場所之作業型態、處理數量及建築物內使用部分之構造

符合第十五條之一規定者,不適用第一項規定。

第14條
★★☆
○check

六類物品製造場所或一般處理場所四周保留空地寬度應在 **3** 公尺以上;儲存量達管制量 **10** 倍以上者,四周保留空地寬度應在 **5** 公尺以上,但僅處理高閃火點物品且其操作溫度未滿攝氏100度,四周保留空地寬度在3公尺以上者,不在此限。

前項場所有下列情形之一,於設有高於屋頂,為不燃材料建造,具 **2** 小時以上防火時效之防火牆,且與相鄰場所有效隔開者,得不受前項距離規定之限制:

一、僅製造或處理高閃火點物品且其操作溫度未滿攝氏 **100** 度者。

二、因作業流程具有 **連接性**,四周依規定保持距離會嚴重妨害其作業者。

一般處理場所之作業型態、處理數量及建築物內使用部分之構造符合第十五條之一規定者,不適用第一項規定。

第15條
★★☆
〇check

六類物品製造場所或一般處理場所之構造,除本辦法另有規定外,應符合下列規定:
一、不得設於建築物之<u>地下層</u>。
二、牆壁、樑、柱、地板及樓梯,應以<u>不燃材料</u>建造;外牆有延燒之虞者,除出入口外,不得設置其他開口,且應採用<u>防火構造</u>。
三、建築物之屋頂,應以<u>不燃材料</u>建造,並以輕質<u>金屬板</u>或其他輕質不燃材料覆蓋。但有下列情形之一者,得免以輕質金屬板或其他輕質不燃材料覆蓋:
　(一)僅處理高閃火點物品且其操作溫度未滿攝氏**100**度。
　(二)僅處理<u>第二類</u>公共危險物品(不含粉狀物及易燃性固體)。
　(三)設置設施使該場所<u>無產生爆炸</u>之虞。
四、窗戶及出入口應設置**30**分鐘以上防火時效之<u>防火門窗</u>;牆壁開口有延燒之虞者,應

　　　　設置<u>1</u>小時以上防火時效之常時<u>關閉式防火門</u>。
五、窗戶及出入口裝有玻璃時，應為鑲嵌<u>鐵絲網玻璃</u>或具有同等以上防護性能者。
六、製造或處理液體六類物品之建築物地板，應採用<u>不滲透構造</u>，且作適當之傾斜，並設置<u>集液</u>設施。但設有洩漏承接設施及洩漏檢測設備，能立即通知相關人員有效處理者，得免作適當之傾斜及設置集液設施。
七、設於室外之製造或處理液體六類物品之設備，應在周圍設置距地面高度在<u>15</u>公分以上之<u>圍阻</u>措施，或設置具有同等以上效能之防止流出措施；其地面應以混凝土或六類物品無法滲透之不燃材料鋪設，且作適當之傾斜，並設置集液設施。處理易燃液體及可燃液體中不溶於水之物質，應於集液設施設置<u>油水分離</u>裝置，以防止直接流入排水溝。

六類物品製造場所或一般處理場所內，未處理或儲存六類物品部分，其構造符合下列規定者，該部分得不適用前項各款規定：
一、牆壁、樑、柱、地板、屋頂及樓梯，應以不燃材料建造；與場所內處理六類物品部分，應以**2**小時以上防火時效之牆壁、樑、柱、地板及上層之地板區劃分隔。區劃分隔牆壁除出入口外，不得設置其他開口。
二、區劃分隔牆壁之出入口，應設置**2**小時以上防火時效之常時關閉式防火門；對外牆面之開口有延燒之虞者，應設置**1**小時以上防火時效之防火門窗。
三、涉及製造或處理公共危險物品部分經區劃分隔，至少應有一對外牆面。

第15-1條　一般處理場所之作業型態及處理數量符合下列規定，且於建築物內使用部分之構造符合附表一之一📖規定者(一般處理場所使用部分範例示意圖如附圖一)，該部

分得不適用前條第一項第二款至第五款及第七款規定：
一、噴漆、塗裝及印刷作業場所，使用第二類或第四類公共危險物品(不含特殊易燃物)，且處理數量未達管制量30倍。
二、清洗作業場所，使用閃火點在攝氏40度以上之第四類公共危險物品，且處理數量未達管制量30倍。
三、淬火作業場所，使用閃火點在攝氏70度以上之第四類公共危險物品，且處理數量未達管制量30倍。
四、鍋爐設備場所，使用閃火點在攝氏40度以上之第四類公共危險物品，且處理數量未達管制量30倍。
五、油壓設備場所，使用高閃火點物品其操作溫度未滿攝氏100度，且處理數量未達管制量50倍。
六、切削及研磨設備場所，使用高閃火點物品其操作溫度未滿攝氏100度，且處理數量未達管制量30倍。

七、熱媒油循環設備場所，使用高閃火點物品，且處理數量未達管制量 30 倍。

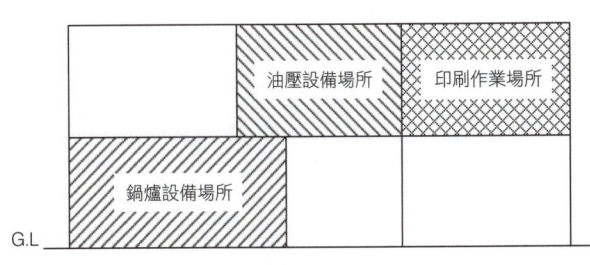

附圖一

一般處理場所之作業型態及處理數量符合下列規定，且於建築物內使用部分之構造符合一定安全規範者(一般處理場所使用部分範例示意圖如附圖二)，該部分得不適用前條第一項第二款至第七款規定：
一、清洗作業場所，使用閃火點在攝氏 40 度以上之第四類公共危險物品，且處理數量未達管制量 10 倍。
二、淬火作業場所，使用閃火點在攝氏 70 度以上之第四類公共危險物品，且處理數量未達管制量 10 倍。

三、<u>鍋爐</u>設備場所,使用閃火點在攝氏40度以上之第四類公共危險物品,且處理數量未達管制量**10**倍。

四、<u>油壓</u>設備場所,使用高閃火點物品其操作溫度未滿攝氏100度,且處理數量未達管制量**30**倍。

五、<u>切削</u>及<u>研磨</u>設備場所,使用高閃火點物品其操作溫度未滿攝氏100度,且處理數量未達管制量**10**倍。

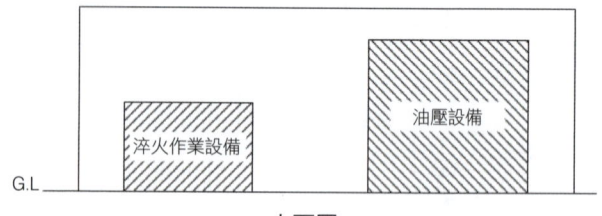

立面圖

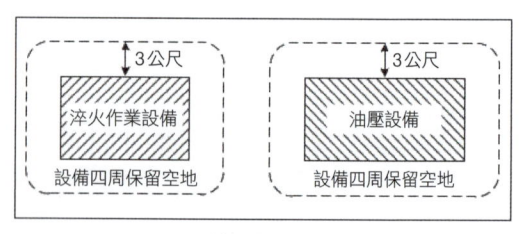

俯視圖

附圖二

前項所稱一定安全規範如下：
一、設於1層建築物。
二、建築物之牆壁、樑、柱、地板及屋頂，應以不燃材料建造，且不得設置天花板。
三、處理設備應固定於地板。
四、處理設備四周應有寬度3公尺以上之保留空地(保留空地範例示意圖如附圖三)。但符合下列各款規定者，不在此限：
  (一) 因牆壁及柱致無法保有3公尺以上之保留空地，且牆壁及柱均為防火構造。
  (二) 前目牆壁除出入口外，不得設置其他開口，且出入口應設置1小時以上防火時效之常時關閉式防火門。
五、處理設備下方之地板及四周保留空地，應採用不滲透構造，且作適當之傾斜，並設置集液設施。但設有洩漏承接設施及洩漏檢測設備，能立即通知相關人員有效處理

者，得免作適當之傾斜及設置集液設施。

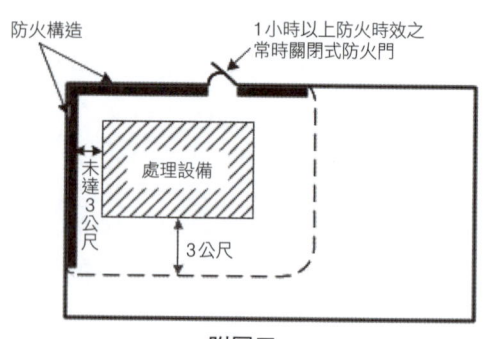

```
防火構造                    1小時以上防火時效之
                           常時關閉式防火門

        ┌─────────────────────────┐
        │ ┌─────────┐             │
        │ │╱╱╱╱╱╱╱╱│             │
      未│ │ 處理設備 │             │
      達│ │╱╱╱╱╱╱╱╱│             │
      3│ └─────────┘             │
      公│      ↕                  │
      尺│    3公尺                │
        │                         │
        └─────────────────────────┘
```

附圖三

第16條　六類物品製造場所或一般處理場所之設備，應符合下列規定：
★★☆
○check
一、應有充分之<u>採光</u>、<u>照明</u>及<u>通風</u>設備。
二、有積存可燃性蒸氣或可燃性粉塵之虞之建築物，應設置將蒸氣或粉塵有效排至屋簷以上或室外距地面<u>4</u>公尺以上高處之設備。
三、機械器具或其他設備，應採用可防止六類物品溢漏或飛散之構造。但設備中設有防止溢漏或飛散之附屬設備者，不在此限。

四、六類物品之加熱、冷卻設備或處理六類物品過程會產生溫度變化之設備，應設置適當之測溫裝置。

五、六類物品之加熱或乾燥設備，應採不直接用火加熱之構造。但加熱或乾燥設備設於防火安全處所或設有預防火災之附屬設備者，不在此限。

六、六類物品之加壓設備或於處理中會產生壓力上升之設備，應設置適當之壓力計及安全裝置。

七、製造或處理六類物品之設備有發生靜電蓄積之虞者，應設置有效消除靜電之裝置。但僅處理高閃火點物品且其操作溫度未滿攝氏100度者，不在此限。

八、處理六類物品達管制量10倍者，避雷設備應符合中華民國國家標準(以下簡稱CNS)12872規定，或以接地方式達同等以上防護性能者。但有下列情形之一者，不在此限：

(一) 因周圍環境，無致生危險之虞。
(二) 僅處理高閃火點物品且其操作溫度未滿攝氏100度。
九、電動機及六類物品處理設備之幫浦、安全閥、管接頭等，應裝設於不妨礙火災之預防及搶救位置。

六類物品製造場所或一般處理場所內，未處理或儲存六類物品部分，其構造符合第十五條第二項規定者，該部分不適用前項各款規定。

第17條
★☆☆
○check

第一種販賣場所之位置、構造及設備，應符合下列規定：
一、應設於建築物之地面層。
二、應在明顯處所，標示有關消防之必要事項。
三、其使用建築物之部分，應符合下列規定：
(一) 牆壁應為防火構造或以不燃材料建造。但與建築物其他使用部分之隔間牆，應為防火構造。

9-20

(二) 樑及天花板應以<u>不燃材料</u>建造。
(三) 上層之地板應為<u>防火構造</u>；其上無樓層者，屋頂應為防火構造或以不燃材料建造。
(四) 窗戶及出入口應設置<u>30</u>分鐘以上防火時效之防火門窗。
(五) 窗戶及出入口裝有玻璃時，應為鑲嵌<u>鐵絲網玻璃</u>或具有同等以上防護性能者。
四、內設六類物品調配室者，應符合下列規定：
(一) 樓地板面積應在<u>6</u>平方公尺以上，<u>10</u>平方公尺以下。
(二) 應以<u>牆壁</u>分隔區劃。
(三) 地板應為<u>不滲透構造</u>，並設置適當傾斜度及集液設施。
(四) 出入口應設置<u>1</u>小時以上防火時效之防火門。
(五) 有積存可燃性蒸氣或可燃性粉塵之虞者，應設

置將蒸氣或粉塵有效排至屋簷以上或室外距地面4公尺以上高處之設備。

第18條
★☆☆
○check

第二種販賣場所之位置、構造及設備,除準用前條第一款、第二款、第三款第五目及第四款規定外,其使用建築物之部分,並應符合下列規定:
一、牆壁、樑、柱及地板應為防火構造。設有天花板者,應以不燃材料建造。
二、上層之地板應為防火構造,並設有防止火勢向上延燒之設施;其上無樓層者,屋頂應為防火構造。
三、窗戶應設置30分鐘以上防火時效之防火窗。但有延燒之虞者,不得設置。
四、出入口應設置30分鐘以上防火時效之防火門。但有延燒之虞者,應設置1小時以上防火時效之常時關閉式防火門。

第19條
☆☆☆
○check

六類物品製造、儲存及處理場所應設置<u>標示板</u>；其內容、顏色、大小及設置位置，由中央主管機關定之。

第20條
☆☆☆
○check

儲存六類物品達管制量以上者，應依其性質設置儲存場所儲存。

第21條
NEW
★★★
○check

六類物品室內儲存場所除第二十二條至第二十九條規定外，其位置、構造及設備，應符合下列規定：
一、外牆或相當於該外牆之設施外側，與廠區外鄰近場所之安全距離準用第十三條規定。
二、儲存六類物品之建築物(以下簡稱儲存倉庫)四周保留空地寬度，應依下表規定。但有下列情形之一者，不在此限：
(一) 儲存量超過管制量<u>20</u>倍之室內儲存場所，與設在同一建築基地之其他儲存場所間之保留空地寬度，得縮減至規定寬度之<u>1/3</u>，最小以<u>3</u>公尺為限。

公危物品安管

9-23

(二) 同一建築基地內,設置2個以上相鄰儲存第一類公共危險物品之氯酸鹽類、過氯酸鹽類、硝酸鹽類、第二類公共危險物品之硫磺、鐵粉、金屬粉、鎂、第五類公共危險物品之硝酸酯類、硝基化合物或含有任一種成分物品之儲存場所,其場所間保留空地寬度,得縮減至50公分。

區分	保留空地寬度	
	建築物之牆壁、柱及地板為防火構造者	建築物之牆壁、柱或地板為非防火構造者
未達管制量5倍者		0.5公尺以上
達管制量5倍以上未達10倍者	1公尺以上	1.5公尺以上
達管制量10倍以上未達20倍者	2公尺以上	3公尺以上
達管制量20倍以上未達50倍者	3公尺以上	5公尺以上
達管制量50倍以上未達200倍者	5公尺以上	10公尺以上
達管制量200倍以上者	10公尺以上	15公尺以上

三、儲存倉庫應為獨立、專用之建築物。
四、儲存倉庫應為一層建築物，其高度不得超過 **6** 公尺。但儲存第二類或第四類公共危險物品，且符合下列規定者，其高度得為 **20** 公尺以下：
  (一) 牆壁、樑、柱及地板為<u>防火構造</u>。
  (二) 窗戶及出入口，設置1小時以上防火時效之防火門窗。
  (三) 避雷設備應符合CNS 12872規定，或以接地方式達同等以上防護性能者。但因周圍環境，無致生危險之虞者，不在此限。
五、每一儲存倉庫樓地板面積不得超過 **1000** 平方公尺。
六、儲存倉庫之牆壁、柱及地板應為<u>防火構造</u>，且樑應以<u>不燃材料</u>建造；外牆有延燒之虞者，其牆壁除出入口外，不得設置開口。但儲存六類物品未達管制量 **10** 倍、易燃性固體以外之第二類公共危

險物品或閃火點在攝氏70度以上之第四類公共危險物品，且外牆無延燒之虞者，其牆壁、柱及地板得以<u>不燃材料</u>建造。
七、儲存倉庫之屋頂應以<u>不燃材料</u>建造，並以輕質金屬板或其他輕質不燃材料覆蓋，且不得設置天花板。但設置設施使該場所無產生爆炸之虞者，得免以輕質金屬板或其他輕質不燃材料覆蓋；儲存粉狀及易燃性固體以外之第二類公共危險物品者，其屋頂得為<u>防火構造</u>；儲存第五類公共危險物品，得以耐燃材料或不燃材料設置<u>天花板</u>，以保持內部適當溫度。
八、儲存倉庫之窗戶及出入口應設置<u>30</u>分鐘以上防火時效之防火門窗。但有延燒之虞者，出入口應設置1小時以上防火時效之常時關閉式防火門。
九、前款之窗戶及出入口裝有玻璃時，應為鑲嵌<u>鐵絲網玻璃</u>或具有同等以上防護性能者。

十、儲存第一類公共危險物品之具鹼金屬成分之無機過氧化物、第二類公共危險物品之鐵粉、金屬粉、鎂、第三類公共危險物品之禁水性物質及第四類公共危險物品者,其地板應採用防水滲透之構造。

十一、儲存液體六類物品者,其地面應以混凝土或該物品無法滲透之不燃材料鋪設,且作適當之傾斜,並設置集液設施。

十二、儲存倉庫設置架臺者,應符合下列規定:
(一) 架臺應以不燃材料建造,並定著在堅固之基礎上。
(二) 架臺及其附屬設備,應能負載所儲存物品之重量並承受地震所造成之影響。
(三) 架臺應設置防止儲放物品掉落之措施。

十三、儲存倉庫應有充分採光、照明及通風設備。儲存閃火點未達攝氏**70**度之六類

物品，有積存可燃性蒸氣之虞者，應設置將蒸氣有效排至屋簷以上或室外距地面 **4** 公尺以上高處之設備。

十四、儲存量達管制量 **10** 倍以上之儲存倉庫，應設置避雷設備並符合CNS 12872規定，或以接地方式達同等以上防護性能者。但因周圍環境，無致生危險之虞者，不在此限。

十五、儲存第五類公共危險物品有因溫度上升而引起分解、著火之虞者，其儲存倉庫應設置通風裝置、空調裝置或維持內部溫度在該物品自燃溫度以下之裝置。

第22條
★★★
○check

室內儲存場所儲存易燃性固體以外之第二類公共危險物品或閃火點達攝氏 **70** 度以上之第四類公共危險物品者，其位置、構造及設備除應符合前條第一款至第三款及第七款至第十四款規定外，其儲存倉庫得設於 **2** 層以上建築物，

並應符合下列規定：
一、最低層樓地板應高於地面，且各樓層高度不得超過 **6** 公尺。
二、總樓地板面積不得超過 **1000** 平方公尺。
三、牆壁、樑、柱及地板應為<u>防火構造</u>，樓梯應以<u>不燃材料</u>建造，外牆有延燒之虞者，除出入口外，不得設置開口。
四、第2層以上之地板不得設有開口。但樓梯隔間牆為<u>防火構造</u>，且設有 **30** 分鐘以上防火時效之防火門區劃分隔者，不在此限。

防火構造與不燃材料不同：
- 不燃材料：混凝土、磚或空心磚、瓦、石料、鋼鐵、鋁、玻璃、玻璃纖維、礦棉、陶瓷品、砂漿、石灰及其他經中央主管建築機關認定符合耐燃1級之不因火熱引起燃燒、熔化、破裂變形及產生有害氣體之材料。
- 防火構造之建築物，其主要構造之柱、樑、承重牆壁、樓地板及屋頂應具有下列規定之防火時效：

主要構造部分 \ 層數	自頂層起算不超過4層之各樓層	自頂層起算超過第4層至第14層之各樓層	自頂層起算第15層以上之各樓層
承重牆壁	1小時	1小時	2小時
樑	1小時	2小時	3小時
柱	1小時	2小時	3小時
樓地板	1小時	2小時	2小時
屋頂			0.5小時

(一) 屋頂突出物未達計算層樓面積者,其防火時效應與頂層同。
(二) 本表所指之層數包括地下層數。

第23條 NEW ★★☆ ○check

儲存六類物品之數量在管制量20倍以下者,建築物之一部分得供作室內儲存場所使用,其位置、構造及設備除應符合第二十一條第十款至第十五款規定外,並應符合下列規定:

一、應設於牆壁、柱及地板均為防火構造建築物之第1層或第2層。

二、供作室內儲存場所使用之部分,應符合下列規定:

  (一) 地板應高於地面,且樓層高度不得超過6公尺。

9-30

(二) 樓地板面積不得超過 <u>75</u> 平方公尺。
(三) 牆壁、樑、柱、地板及上層之地板應為<u>防火構造</u>，且應以厚度<u>7</u>公分以上鋼筋混凝土或具有1小時以上防火時效之地板或牆壁與其他場所區劃，外牆有延燒之虞者，除出入口外，不得設置開口。
(四) 出入口應設置<u>1</u>小時以上防火時效之<u>常時關閉式</u>防火門。
(五) 不得設置<u>窗戶</u>。
(六) 通風及排出設備，應設置<u>防火閘門</u>。但管路以<u>不燃材料</u>建造，或內部設置撒水頭防護，或設置達同等以上防護性能之措施者，不在此限。
(七) 同一樓層不得相臨設置。

於供作六類物品製造場所或一般處理場所使用之建築物，一部分供作前項場所使用時，其位置、構造及設備除應符合前項本文及

其第一款、第二款第一目、第二目及第五目至第七目規定外,並應符合下列規定:
一、牆壁、樑、柱、地板及上層之地板應為<u>防火構造</u>,且具有2小時以上防火時效,外牆有延燒之虞者,除出入口外,不得設置開口。
二、出入口應設置2小時以上防火時效之常時關閉式防火門。

第24條
NEW
★☆☆
○check

室內儲存場所儲存六類物品之數量,未達管制量50倍,且高度在6公尺以下者,其位置、構造及設備除應符合第二十一條第三款、第四款本文及第九款至第十五款規定外,並應符合下列規定:
一、儲存倉庫周圍保留空地寬度:
　(一) 未達管制量5倍者,免設保留空地。
　(二) 達管制量5倍以上未達20倍者,保留空地寬度應在1公尺以上。
　(三) 達管制量20倍以上未達50倍者,保留空地寬度應在2公尺以上。

二、儲存倉庫樓地板面積，不得超過**150**平方公尺。
三、儲存倉庫之牆壁、樑、柱、地板及屋頂應為<u>防火構造</u>。
四、儲存倉庫之出入口，應設置**1**小時以上防火時效之常時關閉式防火門。
五、儲存倉庫不得設置窗戶。

室內儲存場所儲存六類物品之數量，未達管制量**50**倍，且高度超過**6**公尺在**20**公尺以下者，其位置、構造及設備，除應符合第二十一條第二款、第三款、第四款本文、但書與其第三目及第九款至第十三款規定外，並應符合前項第二款至第五款規定。

第25條
室內儲存場所儲存高閃火點物品，且高度在**6**公尺以下者，其位置、構造及設備除應符合第二十一條第三款、第四款本文、第五款、第六款及第十款至第十三款規定外，並應符合下列規定：

一、與廠區外鄰近場所之安全距離準用第十三條第一項第一款至第四款規定。但儲存數量未達管制量**20**倍者，不在

此限。
二、儲存倉庫四周保留空地寬度應依下表之規定：

區分	保留空地寬度	
	建築物之牆壁、柱及地板為防火構造者	建築物之牆壁、柱或地板非防火構造者
未達管制量20倍者		0.5公尺以上
達管制量20倍以上未達50倍者	1公尺以上	1.5公尺以上
達管制量50倍以上未達200倍者	2公尺以上	3公尺以上
達管制量200倍以上者	3公尺以上	5公尺以上

三、儲存倉庫屋頂應以不燃材料建造。
四、儲存倉庫之窗戶及出入口，應以不燃材料建造；有延燒之虞牆面設置之出入口，應設置1小時以上防火時效之常時關閉式防火門。
五、有延燒之虞牆面設置之出入口裝有玻璃時，應為鑲嵌鐵絲網玻璃或具有同等以上防護性能者。

室內儲存場所儲存高閃火點物品，且高度超過6公尺在20公尺以下者，其位置、構造及設備，

除應符合第二十一條第二款本文或但書第一目、第三款至第五款、第七款、第九款至第十三款及前項第一款規定外,並應符合下列規定:
一、外牆有延燒之虞者,除出入口外,不得設置其他開口。
二、有延燒之虞牆面設置之出入口,應設置1小時以上防火時效之常時關閉式防火門。

第26條
NEW
★☆☆
○check

室內儲存場所儲存高閃火點物品,其儲存倉庫為2層以上建築物者,其位置、構造及設備,除應符合第二十一條第三款、第十款至第十三款、第二十二條第一款、第二款、第四款及前條第一項各款規定外,其儲存倉庫之牆壁、樑、柱、地板,其儲存倉庫之牆壁、樑、柱、地板及樓梯應以不燃材料建造;外牆有延燒之虞者,牆壁應為防火構造,除出入口外,不得設置其他開口。

第27條
NEW
☆☆☆
○check

室內儲存場所儲存高閃火點物品之數量,未達管制量50倍,且高度在6公尺以下者,其位置、

構造及設備應符合第二十一條第三款、第四款本文、第九款至第十三款及第二十四條第一項第二款至第五款規定。

室內儲存場所儲存高閃火點物品之數量，未達管制量 **50** 倍，且高度超過 **6** 公尺在 **20** 公尺以下者，其位置、構造及設備應符合第二十一條第三款、第四款本文、但書與其第三目、第九款至第十三款及第二十四條第一項各款規定。

第28條
NEW
★★☆
〇check

室內儲存場所儲存第五類公共危險物品分級屬A型或B型，其位置、構造及設備，除應符合第二十一條規定外，並應符合下列規定：

一、其外牆與廠區外鄰近場所之安全距離如附表二📖。但儲存量未達管制量 **5** 倍，且外牆為厚度 **30** 公分以上之鋼筋或鋼骨混凝土構造者，其與廠區外鄰近場所之安全距離得以周圍已設有擋牆者計算；周圍另設有擋牆防護者，其與第十三條第一項第三款及第四款所列場所之安全距

離得縮減為 <u>10</u> 公尺。
二、儲存倉庫周圍保留空地寬度如附表三(如下)。

區分	保留空地寬度	
	周圍設置擋牆	周圍未設置擋牆
未達管制量5倍	<u>3</u>公尺以上	10公尺以上
達管制量5倍以上未達10倍者	<u>5</u>公尺以上	15公尺以上
達管制量10倍以上未達20倍者	<u>3.5</u>公尺以上	20公尺以上
達管制量20倍以上未達40倍者	<u>8</u>公尺以上	25公尺以上
達管制量40倍以上未達60倍者	<u>10</u>公尺以上	30公尺以上
達管制量60倍以上未達90倍者	<u>11.5</u>公尺以上	35公尺以上
達管制量90倍以上未達150倍者	<u>13</u>公尺以上	40公尺以上
達管制量150倍以上未達300倍者	<u>15</u>公尺以上	45公尺以上
達管制量300倍以上者	<u>16.5</u>公尺以上	50公尺以上

註：未設置擋牆之寬度為設置擋牆之3倍之整數(5、10的倍數)。

三、儲存倉庫應以分隔牆區劃，每一區劃面積應在 <u>150</u> 平方公尺以下，分隔牆應為厚度 <u>30</u> 公分以上之鋼筋或鋼骨混凝土構造，或厚度 <u>40</u> 公分以上之鋼筋或鋼骨補強空心磚構造，且應突出屋頂 <u>50</u> 公分

　　　　以上、二側外壁1公尺以上。
四、儲存倉庫外壁應為厚度**20**公分以上之鋼筋或鋼骨混凝土構造，或厚度**30**公分以上之鋼筋或鋼骨補強空心磚構造。
五、儲存倉庫屋頂應符合下列規定之一：
　　(一) 構架屋頂面之木構材，其跨度應在**30**公分以下。
　　(二) 屋頂下方以圓型鋼或輕型鋼材質之格子樑構造，其邊長在**45**公分以下。
　　(三) 屋頂下設置金屬網，應與不燃材料建造之屋樑、橫樑等緊密結合。
　　(四) 設置厚度在**5**公分以上，寬度在**30**公分以上之木材作為屋頂之基礎。
六、儲存倉庫出入口應為**1**小時以上防火時效之防火門。
七、儲存倉庫窗戶距離地板應在**2**公尺以上，設於同一壁面窗戶之總面積不得超過該壁面面積之**1/80**，且每一窗戶

之面積不得超過 0.4 平方公尺。

第29條
NEW
★☆☆
○check

室內儲存場所儲存下列物品者,不適用第二十二條至第二十四條規定:
一、第三類公共危險物品之烷基鋁、烷基鋰。
二、第四類公共危險物品之乙醛、環氧丙烷。
三、第五類公共危險物品分級屬A型或B型。
四、其他經中央主管機關公告之六類物品。

第30條
★★☆
○check

室外儲存場所儲存之六類物品,以第二類公共危險物品中之硫磺、閃火點在攝氏21度以上之易燃性固體或第四類公共危險物品中之第二石油類、第三石油類、第四石油類或動植物油類為限,並應以容器裝置,其位置、構造及設備應符合下列規定:
一、其外圍或相當於外圍設施之外側,與廠區外鄰近場所之安全距離準用第十三條規定。但儲存高閃火點物品者,

不在此限。
二、應設置於不潮濕且<u>排水良好</u>之位置。
三、場所外圍,應以<u>圍欄</u>區劃。
四、前款圍欄四周保留空地寬度應依下表之規定。但儲存硫磺者,其保留空地寬度得縮減至規定寬度之1/3:

區分	保留空地寬度
未達管制量10倍者	<u>3</u>公尺以上
達管制量10倍以上未達20倍者	<u>6</u>公尺以上
達管制量20倍以上未達50倍者	<u>10</u>公尺以上
達管制量50倍以上未達200倍者	<u>20</u>公尺以上
達管制量200倍以上者	<u>30</u>公尺以上

五、儲存高閃火點物品,圍欄周圍保留空地寬度,應依下表規定:

區分	保留空地寬度
未達管制量50倍者	<u>3</u>公尺以上
達管制量50倍以上未達200倍者	<u>6</u>公尺以上
達管制量200倍以上者	<u>10</u>公尺以上

六、設置架臺者,其構造及設備應符合下列規定:
　(一) 架臺應以<u>不燃材料</u>建造,並定著於堅固之基礎上。

(二) 架臺應能負載其附屬設備及所儲存物品之重量,並承受風力、地震等造成之影響。
(三) 架臺之高度不得超過 **6** 公尺。
(四) 架臺應設置防止儲存物品掉落之措施。

七、儲存硫磺及閃火點在攝氏 **21** 度以上之易燃性固體者,其容器堆積高度不得超過 **3** 公尺。

八、儲存閃火點在攝氏21度以上之第四類公共危險物品中之第二石油類、第三石油類、第四石油類或動植物油類時,內部應留有寬度 **1.5** 公尺以上之走道,且走道分區範圍內儲存數量及容器堆積高度應符合下列規定:

區分	分區內儲存數量上限	容器堆積高度上限
閃火點在攝氏21度以上未達攝氏37.8度者	16800 公升	3.6 公尺
閃火點在攝氏37.8度以上未達攝氏60度者	33600 公升	3.6 公尺
閃火點在攝氏60度以上者	83600 公升	5.4 公尺

第31條 ★★☆ ○check

室外儲存場所儲存塊狀之硫磺,放置於地面者,其位置、構造及設備,除依前條規定外,並應符合下列規定:

一、<u>每100</u>平方公尺(含未達)應以圍欄區劃,圍欄高度應在<u>1.5</u>公尺以下。

二、設有二個以上圍欄者,其內部之面積合計應在<u>1000</u>平方公尺以下,且圍欄間之距離,不得小於前條保留空地寬度之1/3。圖示如下:

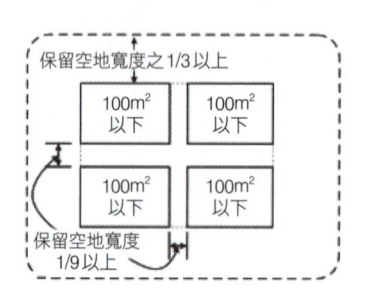

```
保留空地寬度之1/3以上
┌─────────┬─────────┐
│ 100m²   │ 100m²   │
│ 以下    │ 以下    │
├─────────┼─────────┤
│ 100m²   │ 100m²   │
│ 以下    │ 以下    │
└─────────┴─────────┘
保留空地寬度 1/9以上
```

三、圍欄應以<u>不燃材料</u>建造,並有防止硫磺洩漏之構造。

四、圍欄<u>每隔2</u>公尺,最少應設一個防水布固定裝置,以防止硫磺溢出或飛散。

五、儲存場所周圍，應設置排水溝及分離槽。

第32條
★☆☆
○check

六類物品儲槽之容量不得大於儲槽之內容積扣除其空間容積後所得之量。
儲槽之內容積計算方式如下：
一、橢圓形儲槽：

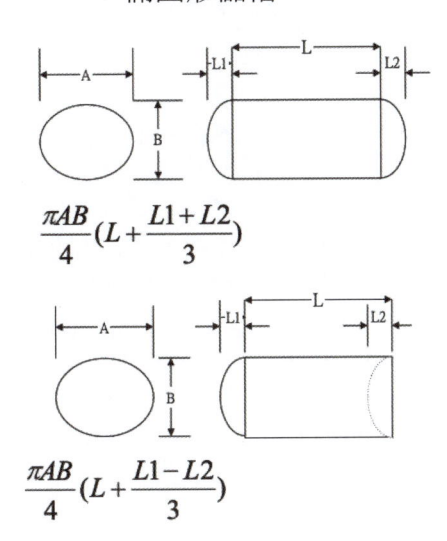

$$\frac{\pi AB}{4}(L+\frac{L1+L2}{3})$$

$$\frac{\pi AB}{4}(L+\frac{L1-L2}{3})$$

9-43

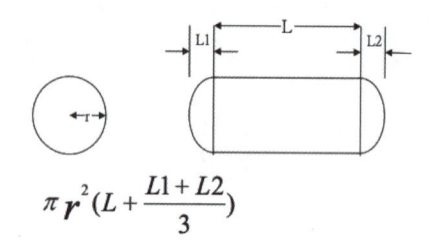

二、圓筒形儲槽
　　(一) 臥型之圓筒形儲槽：

$$\pi r^2 (L + \frac{L1+L2}{3})$$

　　(二) 豎型圓筒形儲槽內容積不含槽頂部分。
　　(三) 內容積無法以公式計算者，得用近似之算法。
儲槽空間容積為內容積之**5%**至**10%**。但儲槽上部設有固定式滅火設備者，其空間容積以其滅火藥劑放出口下方**30**公分以上，未達**1**公尺之水平面上部計算之。圖例如下：

此部分不列入內容積計算

空間容積(斜線部分)

30cm

1m

固定式滅火設備滅火藥劑放出口

液面範圍

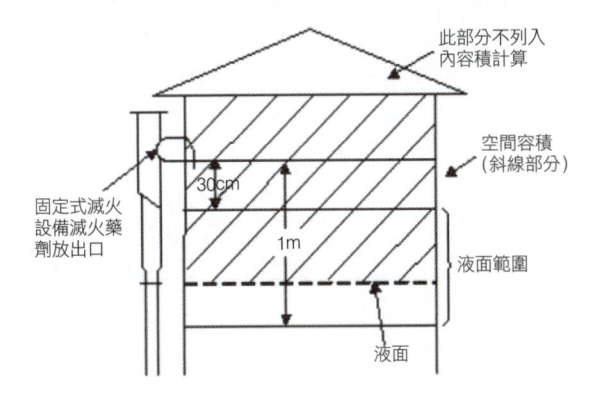

液面

第33條
NEW
★★☆
○check

室內儲槽場所之位置、構造及設備應符合下列規定：
一、應設置於一層建築物之儲槽專用室。
二、儲槽專用室之儲槽側板外壁與室內牆面之距離應在 50 公分以上。專用室內設置2座以上之儲槽時，儲槽側板外壁相互間隔距離應在 50 公分以上。
三、儲槽容量不得超過管制量之 40 倍，且儲存第四類公共危險物品時，除第四石油類及動植物油類外，不得超過2萬公升。同一儲槽專用室設置2座以上儲槽時，其容量

9-45

應合併計算。
四、儲槽構造：儲槽材質應為厚度 **3.2** 毫米以上之鋼板或具有同等以上性能者。
五、儲槽表面應有防蝕功能。
六、正負壓力超過 **500** 毫米水柱壓力之儲槽(以下簡稱壓力儲槽)，應設置安全裝置；非壓力儲槽應設置通氣管。
七、儲槽應設置自動顯示儲量裝置。
八、儲槽儲存第四類公共危險物品者，其注入口應符合下列規定：
　　(一) 不得設於容易引起火災或妨礙避難逃生之處。
　　(二) 可與注入軟管或注入管結合，且不得有洩漏之情形。
　　(三) 應設置管閥或加蓋。
　　(四) 儲存物易引起靜電災害者，應設置有效除去靜電之接地裝置。
九、儲槽閥應為鑄鋼或具有同等以上性能之材質，且不得有洩漏之情形。

十、儲槽之排水管應設在槽壁。但排水管與儲槽之連接部分,於發生地震或地盤下陷時,無受損之虞者,得設在儲槽底部。

十一、儲槽專用室之牆壁、柱及地板應為防火構造,樑應以不燃材料建造,外牆有延燒之虞者,除出入口外,不得設置開口。但儲存閃火點在攝氏70度以上之第四類公共危險物品無延燒之虞者,其牆壁、柱及地板得以不燃材料建造。

十二、儲槽專用室之屋頂應以不燃材料建造,且不得設置天花板。

十三、儲槽專用室之窗戶及出入口,應設置30分鐘以上防火時效之防火門窗。但外牆有延燒之虞者,出入口應設置1小時以上防火時效之常時關閉式防火門。

十四、前款之窗戶及出入口裝有玻璃時,應為鑲嵌鐵絲網玻璃或具有同等以上防護性能者。

十五、儲存液體六類物品者,其地板應為<u>不滲透構造</u>,並有適當傾斜度及集液設施。
十六、儲槽專用室出入口應設置<u>**20**</u>公分以上之門檻,或設置具有同等以上效能之防止流出措施。
十七、儲槽專用室應有充分<u>採光</u>、<u>照明</u>及<u>通風</u>設備。儲存閃火點未達攝氏<u>**70**</u>度之六類物品,有積存可燃性蒸氣之虞者,應設置將蒸氣有效排至<u>屋簷</u>以上或室外距地面<u>**4**</u>公尺以上高處之設備。

於供作六類物品製造場所或一般處理場所使用之建築物,設置前項場所儲存閃火點在攝氏<u>**40**</u>度以上第四類公共危險物品時,其位置、構造及設備除應符合前項第一款至第十款、第十二款及第十四款至第十七款規定外,並應符合下列規定:
一、儲槽專用室之牆壁、柱及地板應為防火構造,具有<u>**2**</u>小時以上防火時效。樑應以<u>不</u>

燃材料建造，外牆有延燒之虞者及區劃分隔牆壁，除出入口外，不得設置其他開口。
二、儲槽專用室之窗戶，應設置2小時以上防火時效之防火窗；出入口，應設置2小時以上防火時效之常時關閉式防火門。

第34條
NEW
★★☆
○check

室內儲槽場所儲存閃火點在攝氏40度以上第四類公共危險物品，其位置、構造及設備符合前條第一項第二款至第十款、第十五款、第十七款及下列規定者，其儲槽專用室之設置得不受前條第一項第一款限制：
一、儲槽應設置於儲槽專用室。
二、儲槽注入口附近應設置自動顯示儲量裝置。但從外部觀察容易者，得免設。
三、儲槽專用室之牆壁、樑、柱及地板應為防火構造。
四、儲槽專用室上層之地板應為防火構造，並不得設置天花板；其上無樓層時，屋頂應以不燃材料建造。
五、儲槽專用室不得設置窗戶。

六、儲槽專用室之出入口應設置<u>1</u>小時以上防火時效之常時關閉式防火門。
七、儲槽專用室之通風及排出設備，應設置<u>防火閘門</u>。但管路以不燃材料建造，或內部設置<u>撒水頭</u>防護，或設置具有同等以上防護性能之措施者，不在此限。
八、儲槽專用室應具有防止六類物品流出之措施。

於供作六類物品製造場所或一般處理場所使用之建築物，設置前項場所時，其位置、構造及設備除應符合前項本文及其第一款、第二款、第五款、第七款及第八款規定外，並應符合下列規定：

一、儲槽專用室牆壁、樑、柱、地板及上層之地板，應為<u>防火構造</u>，具有<u>2</u>小時以上防火時效，並不得設置天花板；其上無樓層時，屋頂應以不燃材料建造。
二、儲槽專用室之出入口應設置<u>2</u>小時以上防火時效之<u>常時關閉式</u>防火門。

第35條
NEW
★☆☆
◯check

室內儲槽場所之幫浦設備應符合下列規定：

一、室內儲槽設於地面一層建築物，其幫浦設備位於儲槽專用室所在建築物以外之場所時：
  (一) 幫浦設備應定著於<u>堅固基礎</u>上。
  (二) 供幫浦及其電動機使用之建築物或工作物(以下簡稱幫浦室)，應符合下列規定：
    1. 牆壁、樑、柱及地板應以<u>不燃材料</u>建造。
    2. 屋頂應以<u>不燃材料</u>建造，並以輕質金屬板或其他輕質不燃材料覆蓋。但設置設施使幫浦室無產生爆炸之虞者，得免以輕質金屬板或其他輕質不燃材料覆蓋。
    3. 窗戶及出入口，應設置<u>30</u>分鐘以上防火時效之防火門窗。

4. 窗戶及出入口裝有玻璃時，應為鑲嵌鐵絲網玻璃或具有同等以上防護性能者。
5. 地板應採用不滲透之構造，並設置適當之傾斜度及集液設施，且其周圍應設置高於地面**20**公分以上之圍阻措施，或設置具有同等以上效能之防止流出措施。
6. 應設計處理六類物品時，必要之採光、照明及通風設備。
7. 有可燃性蒸氣滯留之虞者，應設置可將該蒸氣有效排至屋簷以上或室外距地面**4**公尺以上高處之設備。
(三) 於幫浦室以外之場所設置幫浦設備時，應符合下列規定：
1. 應於幫浦設備周圍地面上設置高於地

面**15**公分以上之圍阻措施，或設置具有同等以上效能之防止流出措施。
2. 地面應以混凝土或六類物品無法滲透之<u>不燃材料</u>鋪設，且作適當之傾斜，並設置<u>集液設施</u>。
3. 幫浦處理不溶於水之第四類公共危險物品者，應設置<u>油水分離</u>裝置，並防止該物品直接流入排水溝。

二、室內儲槽設於地面一層建築物，且幫浦設備設於儲槽專用室所在之建築物者：
(一) 設於儲槽專用室以外之場所時，應符合前款第一目及第二目規定。
(二) 設於儲槽專用室時，應以不燃材料在幫浦設備周圍設置高於儲槽專用室出入口門檻之<u>圍阻措施</u>，或設置具有同等以

　　　　　上效能之防止流出措施，或使幫浦設備之基礎，高於儲槽專用室出入口門檻。但洩漏時無產生火災或爆炸之虞者，不在此限。
三、室內儲槽設於地面1層建築物以外，且幫浦設備設於儲槽專用室所在建築物以外之場所時，應符合第一款規定。
四、室內儲槽設於地面1層建築物以外，且幫浦設備設於儲槽專用室所在之建築物者：
（一）設於儲槽專用室以外場所時，除應符合第一款第一目及第二目之5至第二目之7規定外，其幫浦室並應符合下列規定：
　1. 牆壁、樑、柱及地板應為<u>防火構造</u>。
　2. 其上有樓層時，上層之地板應為<u>防火構造</u>，並不得設置天花板；其上無樓層時，屋頂應為<u>不燃材料</u>建

造。
3. 不得設置窗戶。
4. 出入口應設置 <u>1</u> 小時以上防火時效之防火門。
5. 通風設備及排出設備應設置<u>防火閘門</u>。但管路以不燃材料建造，或內部設置撒水頭防護，或設置達同等以上防護性能之措施者，不在此限。

(二) 設於儲槽專用室內時：
1. 幫浦設備應定著於<u>堅固基礎</u>上。
2. 以不燃材料在其周圍設置高度 **20** 公分以上之圍阻措施，或設置具有同等以上效能之防止流出措施。但洩漏時無產生火災或爆炸之虞者，不在此限。

於供作六類物品製造場所或一般處理場所使用之建築物,依第三十三條第二項規定設置<u>儲槽專用室</u>,其幫浦設備設於儲槽專用室所在建築物,且設於儲槽專用室以外場所時,其位置、構造及設備除應符合前項第一款第一目、第二目之2及第二目之4至第二目之7規定外,並應符合下列規定:
一、牆壁、柱及地板應為<u>防火構造</u>,具有<u>2</u>小時以上防火時效。樑應以<u>不燃材料</u>建造,外牆有延燒之虞者及區劃分隔牆壁,除出入口外,不得設置其他開口。
二、窗戶應設置<u>2</u>小時以上防火時效之防火窗;出入口應設置<u>2</u>小時以上防火時效之<u>常時關閉式</u>防火門。
於供作六類物品製造場所或一般處理場所使用之建築物,依前條第二項規定設置儲槽專用室,其幫浦設備設於儲槽專用室所在建築物,且設於儲槽專用室以外場所時,其位置、構造及設備除應

符合第一項第四款第一目本文、第一目之3及第一目之5規定外,並應符合下列規定:
一、牆壁、樑、柱、地板及上層之地板應為防火構造,具有2小時以上防火時效,並不得設置天花板;其上無樓層時,屋頂應以不燃材料建造。
二、出入口應設置2小時以上防火時效之防火門。

第36條
★☆☆
〇check

室內儲槽場所輸送液體六類物品之配管應符合下列規定:
一、應為鋼製或金屬製。但鋼製或金屬製配管會造成作業污染者,得設置塑材雙套管。
二、應經該配管最大常用壓力之1.5倍以上水壓進行耐壓試驗10分鐘,不得洩漏或變形。但以水壓進行耐壓試驗確有困難者,得以該配管最大常用壓力之1.1倍以上氣壓進行耐壓試驗。設置塑材雙套管者,其耐壓試驗以內管為限。
三、設於地上者,不得接觸地面,且外部應有防蝕功能。

四、埋設於地下者,外部應有<u>防蝕</u>功能;接合部分,應有可供檢查之措施。但以熔接接合者,不在此限。

五、設有加熱或保溫之設備者,應具有預防火災之安全構造。

第37條
NEW
★★☆
○check

室外儲槽場所之位置、構造及設備應符合下列規定:

一、儲槽側板外壁與廠區外鄰近場所之安全距離,準用第十三條規定。

二、儲存液體儲槽側板外壁與儲存場所廠區之境界線距離,應依附表四規定。但有下列情形之一者,不在此限。
　(一) 以不燃材料建造具**2**小時以上防火時效之防火牆。
　(二) <u>不易延燒</u>者。
　(三) 設置<u>防火水幕</u>者。

附表四

室外儲槽之區分	公共危險物品之閃火點	儲槽側板外壁至其廠區境界線距離（單位：公尺）
儲存室外儲槽所在之廠區，儲存或處理六類物品或可燃性高壓氣體之數量，達下列各款之一者。 一、儲存或處理六類物品之總數量除以1萬公秉所得數值為1以上。 二、每日處理之可燃性高壓氣體總數量除以200萬立方公尺所得數值為1以上。 三、前二款之合計值為1以上之場所。	未達攝氏21度	為儲槽水平截面之最大直徑（臥型者則為其橫長）乘以1.8所得數值。但不得小於儲槽高度或50公尺之較大值。
	攝氏21度以上未達70度者	為儲槽水平截面之最大直徑（臥型者則為其橫長）乘以1.6所得數值。但不得小於儲槽高度或40公尺之較大值。
	攝氏70度以上	為儲槽水平截面之最大直徑（臥型者則為其橫長）之數值。但不得小於儲槽高度或30公尺之較大值。
右列以外之室外儲槽。	未達攝氏21度	為儲槽水平截面之最大直徑（臥型者則為其橫長）乘以1.8所得數值。但不得小於儲槽高度之值。
	攝氏21度以上未達70度者	為儲槽水平截面之最大直徑（臥型者則為其橫長）乘以1.6所得數值。但不得小於儲槽高度之值。
	攝氏70度以上	為儲槽水平截面之最大直徑（臥型者則為其橫長）之數值。但不得小於儲槽高度之值。

三、儲槽之周圍保留空地應符合下列規定：
  (一) 儲存閃火點未達攝氏21度之六類物品，其容量未達2公秉者，應在**1**公尺以上；2公秉以上未達4公秉者，應在**2**公尺以上；4公秉以上未達10公秉者，應在**3**公尺以上；10公秉以上未達40公秉者，應在**5**公尺以上；40公秉以上者，應在**10**公尺以上。
  (二) 儲存閃火點在攝氏21度以上未達70度之六類物品，其容量未達10公秉者，應在**1**公尺以上；10公秉以上未達20公秉者，應在**2**公尺以上；20公秉以上未達50公秉者，應在**3**公尺以上；50公秉以上未達200公秉者，應在**5**公尺以上；200公秉以上者，應在**10**公尺以上。

(三) 儲存閃火點在攝氏70度以上之六類物品,其容量未達20公秉者,應在 <u>1</u> 公尺以上;20公秉以上未達40公秉者,應在 <u>2</u> 公尺以上;40公秉以上未達100公秉者,應在 <u>3</u> 公尺以上;100公秉以上者,應在 <u>5</u> 公尺以上。

註:空地間隔整理如下表:

閃火點 <21°C	<2 公秉	2~4 公秉	4~10 公秉	10~40 公秉	>40 公秉
	1公尺	2公尺	3公尺	5公尺	10公尺
閃火點 21°C ~70°C	<10 公秉	10~20 公秉	20~50 公秉	50~200 公秉	>200 公秉
	1公尺	2公尺	4公尺	5公尺	10公尺
閃火點 >70°C	<20 公秉	20~40 公秉	40~100 公秉	>100 公秉	
	1公尺	2公尺	3公尺	5公尺	

四、相鄰儲槽側板外壁間之距離應符合下列規定:
(一) 儲存閃火點未達攝氏60度之六類物品:

1. 頂式儲槽直徑未達45公尺者,為相鄰2座儲槽直徑和之**1/6**,並應在**90**公分以上;儲槽直徑45公尺以上者,為相鄰2座儲槽直徑和之**1/4**。
2. 固定式儲槽直徑未達45公尺者,為相鄰2座儲槽直徑和之**1/6**,並應在90公分以上;儲槽直徑45公尺以上者,為相鄰2座儲槽直徑和之**1/3**。

(二) 儲存閃火點在攝氏60度以上之六類物品:
1. 浮頂式儲槽直徑未達45公尺者,為相鄰2座儲槽直徑和之**1/6**,並應在**90**公分以上;儲槽直徑45公尺以上者,為相鄰2座儲槽直徑和之**1/4**。

2. 固定式儲槽直徑未達45公尺者,為相鄰2座儲槽直徑和之 1/6,並應在 90 公分以上;儲槽直徑45公尺以上者,為相鄰2座儲槽直徑和之 1/4。
(三) 防液堤內部儲槽均儲存閃火點在攝氏93度以上之六類物品者,應在 90 公分以上。
五、應定著在堅固基礎上,並不得設於岩盤斷層等易滑動之地形。
六、儲槽構造除準用第三十三條第一項第四款規定外,並應具有耐震及耐風壓之結構;其支柱應以鋼筋混凝土、鋼骨混凝土或其他具有同等以上防火性能之材料建造。
七、儲槽內壓力異常上升時,有能將內部氣體及蒸氣由儲槽上方排出之構造。
八、儲槽表面應有防蝕功能。

九、儲槽底板與地面相接者,底板外表應有防蝕功能。
十、壓力儲槽,應設置安全裝置;非壓力儲槽,應設置通氣管。
十一、儲槽應設置自動顯示儲量裝置。
十二、儲槽儲存第四類公共危險物品,其注入口準用第三十三條第一項第八款規定。
十三、幫浦設備除準用第三十五條第一項第一款規定外,並應符合下列規定:
(一) 周圍保留空地寬度不得小於3公尺。但設有具2小時以上防火時之防火牆或儲存六類物品數量未達管制量10倍者,不在此限。
(二) 與儲槽側板外壁之距離不得小於儲槽保留空地寬度之1/3。
十四、儲槽閥應為鑄鋼或具有同等以上性能之材質,且不得有洩漏之情形。

十五、儲槽之排水管應置於<u>槽壁</u>。但排水管與儲槽之連接部分,於發生地震或地盤下陷時,無受損之虞者,得設在儲槽底部。

十六、浮頂式儲槽設置於<u>槽壁</u>或<u>浮頂</u>之設備,於地震等災害發生時,不得損傷該浮頂或壁板。但設置保安管理上必要設備者,不在此限。

十七、配管設置準用第三十六條規定。

十八、避雷設備應符合CNS 12872規定,或以接地方式達同等以上防護性能者。但六類物品儲存量未達管制量<u>10</u>倍,或因周圍環境,無致生危險之虞者,不在此限。

十九、儲存液體六類物品,應設置<u>防液堤</u>。但儲存二硫化碳者,不在此限。

二十、儲存固體第三類公共危險物品禁水性物質之儲槽,其投入口上方防止雨水之

設備，應以<u>防水性不燃材料</u>製造。
二十一、儲存二硫化碳之儲槽，應沒入於槽壁厚度<u>20</u>公分以上且無漏水之虞之鋼筋混凝土水槽中。

第38條
NEW
★★☆
○check

室外儲槽場所儲槽儲存第四類公共危險物品者，其防液堤應符合下列規定：

一、單座儲槽周圍所設置防液堤之容量，應為該儲槽容量<u>110/100</u>以上；同一地區設有2座以上儲槽者，其周圍所設置防液堤之容量，應為最大之儲槽容量<u>110/100</u>以上。
二、防液堤之高度應在<u>50</u>公分以上。但儲槽容量合計超過20萬公秉者，高度應在<u>1</u>公尺以上。
三、防液堤內面積不得超過<u>8</u>萬平方公尺。
四、防液堤內部設置儲槽，不得超過<u>10</u>座。但其儲槽容量均在200公秉以下，且所儲存物之閃火點在攝氏70度以上

未達200度者,得設置20座以下;儲存物之閃火點在攝氏200度以上者,無設置數量之限制。

五、防液堤周圍應設道路並與區內道路連接,道路寬度不得小於 6 公尺。但有下列情形之一,且設有足供消防車輛迴車用之場地者,其設置之道路得為2面以上:
(一) 防液堤內部儲槽之容量均在200公秉以下。
(二) 防液堤內部儲槽儲存物之閃火點均在攝氏200度以上。
(三) 周圍設置道路確有困難。

六、室外儲槽之直徑未達 15 公尺者,防液堤與儲槽側板外壁間之距離,不得小於儲槽高度之 1/3;其為15公尺以上者,不得小於儲槽高度之 1/2。但儲存物之閃火點在攝氏200度以上者,不在此限。

七、防液堤應以鋼筋混凝土造或土造,並應具有防止儲存物

洩漏及滲透之構造。
八、儲槽容量超過一萬公秉者，應在各個儲槽周圍設置分隔堤，並應符合下列規定：
　(一) 分隔堤高度應在30公分以上，且至少低於防液堤20公分。
　(二) 分隔堤應以鋼筋混凝土造或土造。
九、防液堤內部除與儲槽有關之配管及消防用配管外，不得設置任何配管。
十、防液堤不得被配管貫通。但不損傷防液堤構造性能者，不在此限。
十一、防液堤應設置能排放內部積水之排水設備，且操作閥應設在防液堤之外部，平時應保持關閉狀態。
十二、室外儲槽容量在1000公秉以上者，其排水設備操作閥開關，應容易辨別。
十三、室外儲槽容量在1萬公秉以上者，其防液堤應設置洩漏檢測設備，並應於可進行處置處所設置警報設備。

十四、高度1公尺以上之防液堤，每間隔<u>30</u>公尺應設置出入防液堤之階梯或土質坡道。

儲存前項以外液體六類物品儲槽之防液堤，其容量不得小於最大儲槽容量，且應符合前項第二款、第七款至第十二款及第十四款規定。

第39條
NEW
★☆☆
○check

室外儲槽儲存高閃火點物品者，其位置、構造及設備得依下列規定辦理：

一、準用第三十七條第一款、第四款至第十二款、第十四款至第十七款規定。

二、周圍保留空地寬度，應依下表規定：

儲槽容量	保留空地寬度
未達管制量2000倍者	<u>3</u>公尺以上
達管制量2000倍以上者	<u>5</u>公尺以上

三、幫浦設備除準用第三十五條第一項第一款第一目、第二目之1、第二目之2、第二目之5、第二目之6及第三目規定外，並應符合下列規定：

(一) 周圍保留空地寬度不得小於 1 公尺。但設有具 2 小時以上防火時效之防火牆或儲存六類物品數量未達管制量 10 倍者，不在此限。
(二) 窗戶及出入口，應設置防火門窗。但外牆無延燒之虞者，窗戶得為不燃材料建造。
(三) 有延燒之虞外牆設置之窗戶及出入口裝有玻璃時，應為鑲嵌鐵絲網玻璃或具有同等以上防護性能者。
四、周圍應設置防止儲存物外洩及滲透之防液堤，且防液堤之容量，不得小於最大儲槽之容量。

第40條

○check

室外儲槽儲存第三類公共危險物品之烷基鋁、烷基鋰、第四類公共危險物品之乙醛、環氧丙烷及中央主管機關公告之六類物品者，除依第三十七條規定外，並應符合下列規定：

一、應設置用惰性氣體或有同等效能予以封阻之設備。

二、儲存烷基鋁或烷基鋰者,應設置能將洩漏之儲存物侷限於特定範圍,並導入安全槽或具有同等以上效能之設施。

三、儲存乙醛或環氧丙烷者,其儲槽材質不得含有銅、鎂、銀、水銀、或含該等成份之合金,且應設置冷卻裝置或保冷裝置。

第41條
NEW
★★☆
○check

地下儲槽場所之位置、構造及設備應符合下列規定:

一、儲槽應置於地下槽室。但儲存第四類公共危險物品且符合下列規定者,得直接埋設於地下:
 (一) 距離地下鐵道、地下隧道或中央主管機關指定場所之水平距離在10公尺以上。
 (二) 儲槽應以水平投影長及寬各大於60公分以上,厚度為25公分以上之鋼筋混凝土蓋予以覆蓋。

9-71

(三) 頂蓋之重量不可直接加於該地下儲槽上。

(四) 地下儲槽應定著於<u>堅固基礎</u>上。

二、儲槽側板外壁與槽室之牆壁間應有 **10** 公分以上之間隔，且儲槽周圍應填塞<u>乾燥砂</u>或具有同等以上效能之防止可燃性蒸氣滯留措施。

三、儲槽頂部距離地面應在 **60** 公分以上。

四、2座以上儲槽相鄰者，其側板外壁間隔應在 **1** 公尺以上。但其容量總和在管制量100倍以下者，其間隔得減為 **50** 公分以上。

五、儲槽應以厚度 **3.2** 毫米以上之鋼板建造，並具<u>氣密性</u>。

六、儲槽外表應有防蝕功能。

七、壓力儲槽應設置<u>安全裝置</u>，非壓力儲槽應設置<u>通氣管</u>。

八、儲存液體六類物品時，應有自動<u>顯示儲量</u>裝置。

九、儲槽注入口應設置於室外，並準用第三十三條第一項第八款規定。

十、幫浦設備設置於地面者，準用第三十五條第一項第一款規定；幫浦設備設於儲槽之內部者，應符合下列規定：
(一) 幫浦設備之電動機構造應符合下列規定：
1. 定子為金屬製容器，並充填不受六類物品侵害之樹脂。
2. 於運轉中能冷卻定子之構造。
3. 電動機內部有防止空氣滯留之構造。
(二) 連接電動機之電線，應有保護措施，不得與六類物品直接接觸。
(三) 幫浦設備有防止電動機運轉升溫之功能。
(四) 幫浦設備在下列情形時，電動機能自動停止：
1. 電動機溫度急遽升高時。
2. 幫浦吸引口外露時。
(五) 幫浦設備應與儲槽法蘭接合。

(六) 應設於保護管內。但有足夠強度之外裝保護者，不在此限。
(七) 幫浦設備位於地下儲槽上部部分，應有六類物品洩漏檢測設備。
十一、配管準用第三十六條規定。
十二、儲槽配管應裝設於儲槽頂部。
十三、儲槽周圍應在適當位置設置4處以上之測漏管或具有同等以上效能之洩漏檢測設備。
十四、槽室之牆壁及底部應採用厚度30公分以上之混凝土構造或具有同等以上強度之構造，並有適當之防水措施；其頂蓋應採用厚度25公分以上之鋼筋混凝土構造。

第42條
★☆☆
○check

儲槽為雙重殼之地下儲槽場所，其位置、構造及設備應符合下列規定：
一、應符合前條第三款、第四款、第五款後段及第七款至第十二款規定。

二、直接埋設於地下者，並應符合前條第一款第二目至第四目規定。
三、置於地下槽室者，並應符合前條第二款及第十四款規定。
四、儲槽應於雙重殼間設置<u>液體洩漏檢測設備</u>。
五、儲槽應具有氣密性，並使用下列材料之一：
 (一) 厚度 **3.2** 毫米以上之鋼板或具有同等以上性能之材質。
 (二) 經中央主管機關指定之<u>強化塑料</u>。
六、使用強化塑料之儲槽者，應具有能承受荷重之安全構造。
七、使用鋼板之儲槽者，其外表應有防蝕功能。

第43條
☆☆☆
○check

地下儲槽場所儲存第三類公共危險物品之烷基鋁、烷基鋰、第四類公共危險物品之乙醛、環氧丙烷及中央主管機關公告之六類物品者，其位置、構造及設備除應符合第四十一條第二款至第十四款規定外，並應符合下列規定：
一、儲槽應置於<u>地下槽室</u>。

二、準用第四十條第三款規定。但儲槽構造具有可維持物品於適當溫度者，可免設冷卻裝置或保冷裝置。

第44條
☆☆☆
○check

中央主管機關公告之容器，非經檢驗合格不得使用；其檢驗工作得委託專業機關(構)辦理。
前項檢驗項目及基準，由中央主管機關定之。

第45條
★★★
○check

六類物品之儲存及處理，應遵守下列規定：
一、第一類公共危險物品應避免與可燃物接觸或混合，或與具有促成其分解之物品接近，並避免過熱、衝擊、摩擦。無機過氧化物應避免與水接觸。
二、第二類公共危險物品應避免與氧化劑接觸混合及火焰、火花、高溫物體接近及過熱。金屬粉應避免與水或酸類接觸。
三、第三類公共危險物品之禁水性物質不可與水接觸。

四、第四類公共危險物品不可與火焰、火花或高溫物體接近，並應防止其發生蒸氣。
五、第五類公共危險物品不可與火焰、火花或高溫物體接近，並避免過熱、衝擊、摩擦。
六、第六類公共危險物品應避免與可燃物接觸或混合，或具有促成其分解之物品接近，並避免過熱。

第46條
★★☆
○check

六類物品製造、儲存及處理場所，其安全管理應遵守下列規定：
一、儲存或處理公共危險物品，不得超過規定之數量。
二、嚴禁火源。
三、經常整理及清掃，不得放置空紙箱、內襯紙、塑膠袋、紙盒等包裝用餘材料，或其他易燃易爆之物品。
四、儲存或處理公共危險物品，應依其特性使用不會破損、腐蝕或產生裂縫之容器，並應有防止傾倒之固定措施，避免倒置、掉落、衝擊、擠壓或拉扯。

五、維修可能殘留公共危險物品之設備、機械器具或容器時,應於安全處所將公共危險物品<u>完全清除</u>後為之。
六、嚴禁<u>無關人員</u>進入。
七、<u>集液</u>設施或油水分離裝置內如有積存公共危險物品時,應隨時清理。
八、廢棄之公共危險物品應<u>適時清理</u>。
九、應使公共危險物品處於合適之<u>溫</u>度、<u>溼</u>度及<u>壓力</u>。
十、有積存可燃性蒸氣或粉塵之虞場所,不得使用易產生<u>火花</u>之設備。
十一、指派專人<u>每月</u>對場所之位置、構造及設備自主檢查,檢查紀錄至少留存<u>1</u>年。

第46-1條 六類物品製造及一般處理場所,其安全管理除應符合前二條規定外,並應遵守下列規定:
一、蒸餾作業時,應防止因處理設備內部壓力變化,致液體、蒸氣或氣體外洩。
二、萃取作業時,應防止處理設備內部壓力異常上升。

三、乾燥作業時,應採取不使物品溫度局部上升方法為之。
四、粉碎作業時,不得於產生大量可燃性粉塵情形下操作機械。
五、填充換裝時,應於防火安全處所為之。
六、噴漆及塗裝作業時,應於有效防火區劃內為之。
七、淬火作業時,應使六類物品於危險溫度以下。
八、清洗作業時,應於產生之可燃性蒸氣能良好通風情形下為之,且應將廢棄六類物品妥善處置。
九、消耗六類物品進行燃燒時,應避免處理設備逆火及六類物品溢出。

六類物品販賣場所,其安全管理除應符合前條規定外,並應遵守下列規定:
一、六類物品應存放於容器,不得散裝販賣。
二、調配六類物品以塗料類為限,並應於調配室內為之。

第46-2條 六類物品儲存場所,其安全管理除應符合第四十五條及第四十六條規定外,並應遵守下列規定:

一、室內儲存場所或室外儲存場所,不得儲存六類物品以外物品。但其不與儲存物品反應,且分類分區儲存,各分區距離在1公尺以上者,不在此限。

二、室內儲存場所或室外儲存場所,不得儲存不同分類之六類物品。但分類分區儲存下列物品,且各分區距離在1公尺以上者,不在此限:
  (一) 第一類(鹼金屬過氧化物或含有其成分之物品除外)與第五類公共危險物品。
  (二) 第一類與第六類公共危險物品。
  (三) 第二類與第三類公共危險物品之發火性液體與發火性固體(黃磷或含有其成分之物品為限)。

(四) 第二類公共危險物品之易燃性固體與第四類公共危險物品。
(五) 烷基鋁或烷基鋰,與第四類公共危險物品含有烷基鋁或烷基鋰成分者。
(六) 第四類公共危險物品含有有機過氧化物或其成分者,與第五類公共危險物品之有機過氧化物或含有其成分者。
(七) 第四類公共危險物品與第五類公共危險物品之丙烯基縮水甘油醚或倍羰烯或含有其成分者。
三、第三類公共危險物品之黃磷,不得與禁水性物質儲存於同一場所。
四、室內儲存場所容器堆積高度,不得超過3公尺;儲存閃火點在攝氏21度以上之第四類公共危險物品中之第二石油類、第三石油類、第四石油類或動植物油類時,其容器堆積高度準用第三十條第八款規定。

五、室內儲存場所應保持六類物品在攝氏55度以下之溫度。

第47條　（刪除）

第二節　（刪除）

第48條　（刪除）

第49條　（刪除）

第50條　（刪除）

第51條　（刪除）

第52條　（刪除）

第53條　（刪除）

第54條　（刪除）

第55條　（刪除）

第56條　（刪除）

第57條　（刪除）

第58條　（刪除）

第59條　（刪除）

第三章 可燃性高壓氣體場所設置及安全管理

第60條 本章所稱儲槽,係指<u>固定於地盤</u>之可燃性高壓氣體儲槽。

第61條 本章所稱容器,係指純供灌裝可燃性高壓氣體之<u>移動式壓力容器</u>。

第61-1條 本章所稱供應設備,指液化石油氣販賣場所之經營者供氣予家庭用或營業用用戶時,所提供之容器或容器至氣量計出口為止之間所有設備。

第62條 本章所稱處理設備,係指以<u>壓縮</u>、<u>液化</u>及其他方法處理可燃性高壓氣體之<u>高壓氣體製造設備</u>。

第63條 本章所稱儲存能力,係指儲存設備可儲存之可燃性高壓氣體之數量,其計算式如下:
一、壓縮氣體儲槽:
$Q = (10P+1) \times V1$
二、液化氣體儲槽:
$W = C1 \times w \times V2$

三、液化氣體容器：
$$W = V_2 / C_2$$

算式中：

Q： 儲存設備之儲存能力(單位：立方公尺)值。

P： 儲存設備之溫度在攝氏35度(乙炔氣為攝氏15度)時之最高灌裝壓力(單位：百萬巴斯卡Mpa)值。

V1： 儲存設備之內容積(單位：立方公尺)值。

V2： 儲存設備之內容積(單位：公升)值。

W： 儲存設備之儲存能力(單位：公斤)值。

W： 儲存設備於常用溫度時液化氣體之比重(單位：每公升之公斤數)值。

C1： **0.9**(在低溫儲槽，為對應其內容積之可儲存液化氣體部分容積比之值)

C2： 中央主管機關指定之值。

第64條
☆☆☆
○check

本章所稱處理能力，係指處理設備以<u>壓縮</u>、<u>液化</u>或其他方法**1**日可處理之氣體容積(換算於溫度在攝氏零度、壓力為<u>每平方公分</u>**0**公

第65條
★☆☆
○check

本章所稱之第一類保護物及第二類保護物如下：
一、第一類保護物係指下列場所：
　(一) 古蹟。
　(二) 設備標準第十二條第二款第四目所列之場所。
　(三) 設備標準第十二條第一款第六目、第二款第三目及第十二目所列之場所，其收容人員在 **20** 人以上者。
　(四) 設備標準第十二條第一款第一目、第二款第五目及第八目所列之場所，其收容人員在 **300** 人以上者。
　(五) 設備標準第十二條第二款第一目所列之場所，每日平均有 **2萬** 人以上出入者。
　(六) 設備標準第十二條第一款第二目至第五目及第七目所列之場所，總樓地板面積在 **1000** 平方公尺以上者。

二、第二類保護物：係指第一類保護物以外供人居住或使用之建築物。但與製造、處理或儲存場所位於同一建築基地者，不屬之。

第66條
★☆☆
○check

可燃性高壓氣體製造場所，其外牆或相當於該外牆之設施外側，與場外第一類保護物及第二類保護物之安全距離如下：

儲存能力或處理能力(x)安全距離單位：公尺 對象物	$0 \leq x < 10000$	$10000 \leq x < 52500$	$52500 < 990000 \leq x$	$990000 \leq x$
第一類保護物	$12\sqrt{2}$	$0.12\sqrt{x+10000}$	30(但低溫儲槽為 $0.12\sqrt{x+10000}$)	30(但低溫儲槽為120)
第二類保護物	$8\sqrt{2}$	$0.08\sqrt{x+10000}$	20(但低溫儲槽為 $0.08\sqrt{x+10000}$)	20(但低溫儲槽為80)

儲存能力或處理能力單位：壓縮氣體為立方公尺、液化氣體為公斤。

第67條
☆☆☆
○check

可燃性高壓氣體儲存場所，其外牆或相當於該外牆之設施外側，與場外第一類及第二類保護物之安全距離如下：

儲存面積(Y)單位：平方公尺 安全距離單位：公尺 對象物	0≤Y<8	8≤Y<25	25≤Y
第一類保護物	$9\sqrt{2}$	$4.5\sqrt{Y}$	22.5
第二類保護物	$6\sqrt{2}$	$3\sqrt{Y}$	15

前項儲存場所設有防爆牆或同等以上防護性能者，其與第一類保護物及第二類保護物安全距離得縮減如下：

儲存面積(Y)單位：平方公尺 安全距離單位：公尺 對象物	0≤Y<8	8≤Y<25	25≤Y
第一類保護物	0	$2.25\sqrt{Y}$	11.25
第二類保護物	0	$1.5\sqrt{Y}$	7.5

前項防爆牆之基準，由中央主管機關定之。

第68條
★☆☆
○check

液化石油氣製造場所，其外牆或相當於該外牆之設施外側，與場外第一類及第二類保護物之安全距離應分別符合表一之L1及L4之規定。但與場外第一類或第二類保護物之安全距離未達L1或L4，而達表二所列之距離，並依

表二規定設有保安措施者,不在此限。

前項所稱之保安措施如下:

一、儲槽或處理設備埋設於地盤下者。

二、儲槽或處理設備設置水噴霧裝置或具有同等以上防火性能者。

三、儲槽或處理設備與第一類或第二類保護物間設有防爆牆或具有同等以上之防護性能者。

表一

990000≤Z	52500≤Z <990000	10000≤Z <52500	0≤Z <10000	儲存或處理能力(Z) 距離(m)
30 (但低溫儲槽為120)	30(但低溫儲為 $0.12\sqrt{Z+10000}$)	$0.12\sqrt{Z+10000}$	$12\sqrt{2}$	L1
24	24	$0.096\sqrt{Z+10000}$	$9.6\sqrt{2}$	L2
21	21	$0.084\sqrt{Z+10000}$	$8.4\sqrt{2}$	L3
20 (但低溫儲槽為80)	20(但低溫儲為 $0.08\sqrt{Z+10000}$)	$0.08\sqrt{Z+10000}$	$8\sqrt{2}$	L4
16	16	$0.064\sqrt{Z+10000}$	$6.4\sqrt{2}$	L5
14	14	$0.056\sqrt{Z+10000}$	$5.6\sqrt{2}$	L6

表二

保安措施	與第二類保護物距離(單位:公尺)	與第一類保護物距離(單位:公尺)	區分
應設有第二項第一款及第三款規定之設施	L6以上未達L5	L2以上	儲槽
	L6以上	L3以上未達L2	
下列二者擇一設置： 一、第二項第一款及第三款規定之設施.	L5以上未達L4	L1以上	處理設備
	L5以上	L2以上未達L1	
二、第二項第二款及第三款規定之設施。	L5以上未達L4	L1以上	
	L5以上	L2以上未達L1	

第69條
★★☆
○check

可燃性高壓氣體處理場所之位置、構造、設備及安全管理，應符合下列規定：
一、販賣場所：
　（一）應設於建築物之<u>地面層</u>。
　（二）建築物供販賣場所使用部分，應符合下列規定：
　　1. 牆壁應為<u>防火構造</u>或<u>不燃材料</u>建造。但與建築物其他使用

9-89

部分之隔間牆，應為<u>防火構造</u>。
2. 樑及天花板應以<u>不燃材料</u>建造。
3. 其上有樓層者，上層之地板應為<u>防火構造</u>；其上無樓層者，屋頂應為<u>防火構造</u>或以<u>不燃材料</u>建造。
(三) 不得使用火源。
(四) 儲氣量 **80** 公斤以上者，應設置<u>氣體漏氣警報器</u>。
二、容器檢驗場所：
(一) 應符合前款第一目及第二目規定。
(二) 有洩漏<u>液化石油氣</u>之虞之設施，應設置<u>氣體漏氣警報器</u>。
(三) 使用燃氣設備者，應<u>連動緊急遮斷</u>裝置。
(四) 不得使用火源。但因檢驗作業需要者，不在此限。

第69-1條
NEW
☆☆☆
○check

供應設備應由液化石油氣販賣場所之經營者負責設置、維護及檢修。

前項場所之經營者應每 **6** 個月向販賣場所及供應設備所在地之消防機關申報下列資料：

一、供氣之容器串接使用場所名稱及地址。
二、前款場所之串接使用量。
三、第一款場所之供應設備維護及檢修情形。
四、其他經中央主管機關公告之事項。

第70條
★★☆
○check

可燃性高壓氣體儲存場所之構造、設備及安全管理，應符合下列規定：

一、設有警戒標示及防爆型緊急照明設備。
二、設置氣體漏氣自動警報設備。
三、設置防止氣體滯留之有效通風裝置。
四、採用不燃材料構造之地面一層建築物，屋頂應以輕質金屬板或其他輕質不燃材料覆

9-91

蓋，屋簷並應距離地面 **2.5** 公尺以上。
五、保持攝氏 **40** 度以下之溫度；容器並應防止日光之直射。
六、灌氣容器與殘氣容器，應**分開儲存**，並**直立**放置，且不可重疊堆放。灌氣容器並應採取防止因容器之翻倒、掉落引起衝擊或損傷附屬之閥等措施。
七、通路面積至少應占儲存場所面積之 **20%** 以上。
八、周圍 **2** 公尺範圍內，應嚴禁煙火，且不得存放任何可燃性物質。但儲存場所牆壁以厚度 **9** 公分以上鋼筋混凝土造或具有同等以上強度構築防護牆者，不在此限。
九、避雷設備應符合 CNS 12872 規定，或以**接地**方式達同等以上防護性能者。但因周圍環境，無致生危險之虞者，不在此限。
十、人員不得攜帶可產生火源之機具或設備進入。
十一、設有**專**人管理。

十二、供二家以上販賣場所使用者，應製作平面配置圖，註明場所之面積、數量、編號及商號名稱等資料，並懸掛於明顯處所。

十三、場所專用，且不得儲放逾期容器。

第71條
☆☆☆
○check

液化石油氣分裝場及販賣場所應設置<u>儲存場所</u>。但販賣場所設有容器保管室者，不在此限。

液化石油氣分裝場及販賣場所所屬液化石油氣容器之儲存，除販賣場所依第七十三條規定外，應於儲存場所為之。

第72條
★☆☆
○check

液化石油氣儲存場所僅供一家販賣場所使用之面積，不得少於 **10** 平方公尺；供二家以上共同使用者，每一販賣場所使用之儲存面積，不得少於 **6** 平方公尺。

前項儲存場所設置位置與販賣場所距離不得超過 **5** 公里。但儲存場所設有圍牆防止非相關人員進入，並有24小時專人管理時，其距離得為 **20** 公里內。

第72-1條 液化石油氣分裝場、儲存場所與依第七十一條應設儲存場所之販賣場所之管理權人,應向直轄市、縣(市)主管機關申請核發液化石油氣儲存場所證明書。

★☆☆
○check

前項證明書內容應包括:
一、儲存場所之名稱、地址及管理權人姓名。
二、使用儲存場所之分裝場或販賣場所之名稱、地址及管理權人姓名。
三、儲存場所建築物使用執照字號。
四、儲存場所面積。
五、分裝場或販賣場所使用之儲存場所之儲放地點編號。

前項證明書記載事項有變更時,管理權人應於事實發生之日起**1**個月內,向直轄市、縣(市)主管機關申請變更。

第一項儲存場所與販賣場所間之契約終止或解除時,終止或解除一方之管理權人應於**3**個月前通知他方及轄區直轄市、縣(市)主管機關,並由儲存場所管理權人依前項規定申請變更儲存場所證

明書；販賣場所之管理權人應向轄區直轄市、縣(市)主管機關申請廢止儲存場所證明書。

第73條
★★☆
○check

液化石油氣販賣場所儲放液化石油氣，總儲氣量不得超過**128**公斤，超過部分得設容器保管室儲放之。但總儲氣量以**1000**公斤為限。

前項容器保管室應符合下列規定：

一、符合第七十條第一款至第三款、第五款、第六款、第十款及第十三款規定。
二、為販賣場所專用。
三、位於販賣場所同一建築基地之地面一層建築物。
四、屋頂應以輕質金屬板或其他輕質不燃材料覆蓋，並距離地面**2.5**公尺以上；如有屋簷者，亦同。
五、四周應有牆壁，且牆壁、地板應為防火構造。
六、外牆與第一類保護物及第二類保護物之安全距離在**8**公尺以上。但其外牆牆壁以厚度15公分以上鋼筋混凝土造或具有同等以上強度構築防

爆牆者，其安全距離得縮減為 **1** 公尺。
七、出入口應設置 **30** 分鐘以上防火時效之防火門。

液化石油氣備用量，供營業使用者，不得超過 **80** 公斤；供家庭使用者，不得超過 **40** 公斤。

第73-1條 容器串接使用場所串接使用量不得超過 **1000** 公斤；其供應設備之安全設施及管理應符合下列規定：
NEW
★★☆
○check

一、串接使用量在 **80** 公斤以上至 **120** 公斤以下者：
　(一) 容器應設置於屋外。但設置於屋外確有困難，且設置防止氣體滯留之有效通風裝置者，不在此限。
　(二) 有嚴禁煙火標示。
　(三) 場所之溫度應經常保持攝氏 **40** 度以下，並有防止日光直射措施。
　(四) 容器應直立放置且有防止傾倒之固定措施。
　(五) 燃氣導管應由領有氣體燃料導管配管技術士證照之人員，依國家標準

　　　　或相關法規規定進行安
　　　　裝並完成竣工檢查。
　（六）燃氣用軟管長度不得
　　　　超過 <u>1.8</u> 公尺，且最小
　　　　彎曲半徑為 <u>110</u> 毫米以
　　　　上，不得扭曲及纏繞；
　　　　超過1.8公尺，應設置
　　　　串接容器之燃氣導管。
　　　　燃氣用軟管及燃氣導管
　　　　應符合國家標準，銜接
　　　　處應有防止脫落裝置。
　（七）設置氣體漏氣警報器。
二、串接使用量在超過 <u>120</u> 公斤至
　　<u>300</u> 公斤以下者，除應符合前
　　款規定外，容器並應與用火
　　設備保持 <u>2</u> 公尺以上距離。
三、串接使用量在超過 <u>300</u> 公斤
　　至 <u>1000</u> 公斤以下者，除應符
　　合前二款規定外，並應符合
　　下列規定：
　（一）設置<u>自動緊急遮斷</u>裝
　　　　置。
　（二）容器放置於屋外者，應
　　　　設有柵欄、容器櫃或圍
　　　　牆等措施，其上方應以
　　　　輕質金屬板或其他輕質
　　　　不燃材料覆蓋，並距離

　　　　　　　　　地面**2.5**公尺以上。
　　　　　　(三) 應設置標示板標示緊急聯絡人姓名及電話。
液化石油氣販賣場所之經營者應於第一項第一款第五目竣工檢查完成後**15**日內，將竣工檢查資料報請當地消防機關備查。

第一項場所以無開口且具**1**小時以上防火時效之牆壁、樓地板區劃分隔者，串接使用量得分別計算。

液化石油氣販賣場所之經營者發現供氣之容器串接使用場所有下列情形之一者，不得供氣：
一、容器置於地下室。
二、無嚴禁煙火標示。
三、使用或備用之容器未直立放置或未有防止傾倒之固定措施。
四、未設置氣體漏氣警報器。
五、違反第七十三條之二規定。

第73-2條 新建建築物之容器應設置於室外或屋外，且不適用第七十三條之一第一項第一款第一目但書規定。液化石油氣之使用量在**10**公

斤以下者，容器得不受前項規定之限制。

第76條 ☆☆☆ ○check
液化石油氣販賣場所之經營者應於容器明顯位置標示可供辨識之商號及電話。

第77條 ☆☆☆ ○check
家庭或營業用液化石油氣之灌氣裝卸，應於分裝場為之。

第78條 ☆☆☆ ○check
液化石油氣分裝場應確認容器符合下列事項，始得將容器置於灌裝臺並予以灌氣：
一、容器應標示或檢附送驗之販賣場所之商號及電話等資料。
二、容器仍在檢驗合格有效期限內。
三、實施容器外觀檢查，確認無腐蝕變形且容器能直立者。
不符合前項規定之容器不得灌氣或置於灌裝臺，分裝場之經營者並應迅速通知販賣場所之經營者處理。

第四章 附則

第79條
☆☆☆
◯check

本辦法中華民國95年11月1日修正施行前,已設置之製造、儲存或處理公共危險物品及可燃性高壓氣體之場所,應自修正施行之日起 6 個月內,檢附場所之位置、構造、設備圖說及改善計畫陳報當地消防機關,並依附表五所列改善項目,於修正施行之日起 2 年內 改善完畢,屆期未辦理且無相關文件足資證明係屬既設合法場所、逾期不改善,或改善仍未符附表五規定者,依本法第四十二條之規定處分。

第79-1條
NEW
☆☆☆
◯check

經中央主管機關公告、附表一修正增列為公共危險物品或附表五修正增列為改善項目者,於公告日、附表一中華民國102年11月21日修正生效日、附表五 108年6月11日 或 110年11月10日修正生效日前已設置之製造、儲存或處理該物品達管制量以上之合法場所,應自公告日或本辦法該次修正生效日起 6 個月內,檢附場所之位置、構造、

設備圖說及改善計畫陳報當地消防機關，並依附表五📖所列改善項目，於公告日或本辦法該次修正生效日起 <u>2年內</u> 改善完畢，屆期不改善或改善仍未符附表五📖規定者，依本法第四十二條之規定處分。

第80條
🆕
☆☆☆
○check

本辦法自發布日施行。本辦法中華民國110年11月10日修正發布條文，除第七十三條之二施行日期由中央主管機關另定外，自發布日施行。

第十篇

建築技術規則

民國110年10月07日

第四章 防火避難設施及消防設備

第一節　出入口、走廊、樓梯

第89條
☆☆☆
○check

本節規定之適用範圍,以左列情形之建築物為限。但建築物以無開口且具有1小時以上防火時效之牆壁及樓地板所區劃分隔者,適用本章各節規定,視為他棟建築物:
一、建築物使用類組為A、B、D、E、F、G及H類者。
二、<u>3層</u>以上之建築物。
三、總樓地板面積超過<u>1000</u>平方公尺之建築物。
四、<u>地下層</u>或有本編第一條第三十五款第二目及第三目規定之<u>無窗戶</u>居室之樓層。
五、本章各節關於樓地板面積之計算,不包括法定防空避難

10-1

設備面積，室內停車空間面積、騎樓及機械房、變電室、直通樓梯間、電梯間、蓄水池及屋頂突出物面積等類似用途部分。

第89-1條 (刪除)

第90條
★★☆
○check

直通樓梯於避難層開向屋外之出入口，應依左列規定：

一、**6**層以上，或建築物使用類組為A、B、D、E、F、G類及H-1組用途使用之樓地板面積合計超過**500**平方公尺者，除其直通樓梯於避難層之出入口直接開向道路或避難用通路者外，應在避難層之適當位置，開設**2**處以上不同方向之出入口。其中至少一處應直接通向道路，其他各處可開向寬**1.5**公尺以上之避難通路，通路設有頂蓋者，其淨高不得小於**3**公尺，並應接通道路。

二、直通樓梯於避難層開向屋外之出入口，寬度不得小於**1.2**公尺，高度不得小於**1.8**公尺。

第90-1條

★☆☆
○check

建築物於避難層開向屋外之出入口,除依前條規定者外,應依左列規定:

一、建築物使用類組為A-1組者在避難層供公眾使用之出入口,應為外開門。出入口之總寬度,其為防火構造者,不得小於觀眾席樓地板面積每 **10** 平方公尺寬 **17** 公分之計算值,非防火構造者,17公分應增為 **20** 公分。

二、建築物使用類組為B-1、B-2、D-1、D-2組者,應在避難層設出入口,其總寬度不得小於該用途樓層最大一層之樓地板面積每 **100** 平方公尺寬 **36** 公分之計算值;其總樓地板面積超過1500平方公尺時,36公分應增加為 **60** 公分。

三、前二款每處出入口之寬度不得小於 **2** 公尺,高度不得小於 **1.8** 公尺;其他建築物(住宅除外)出入口每處寬度不得小於1.2公尺,高度不得小於1.8公尺。

第91條
★☆☆
○check

避難層以外之樓層,通達供避難使用之走廊或直通樓梯間,其出入口依左列規定:

一、建築物使用類組為A-1組部分,其自觀眾席開向二側及後側走廊之出入口,不得小於觀眾席樓地板合計面積每 **10** 平方公尺寬 **17** 公分之計算值。

二、建築物使用類組為B-1、B-2、D-1、D-2組者,地面層以上各樓層之出入口不得小於各該樓層樓地板面積每 **100** 平方公尺寬 **27** 公分計算值;地面層以下之樓層,27公分應增為 **36** 公分。但該用途使用部分直接以直通樓梯作為進出口者(即使用之部分與樓梯出入口間未以分間牆隔離。)直通樓梯之總寬度應同時合於本條及本編第九十八條之規定。

三、前二款規定每處出入口寬度,不得小於 **1.2** 公尺,並應裝設具有 **1** 小時以上防火時效之防火門。

第92條 走廊之設置應依左列規定：

★★★
○check

一、供左表所列用途之使用者，走廊寬度依其規定：

走廊配置用途	走廊二側有居室者	其他走廊
一、建築物使用類組為D-3、D-4、D-5組供教室使用部分	2.40公尺以上	1.80公尺以上
二、建築物使用類組為F-1組	1.60公尺以上	1.20公尺以上
三、其他建築物： （一）同一樓層內之居室樓地板面積在200平方公尺以上（地下層時為100平方公尺以上）	1.60公尺以上	1.20公尺以上
（二）同一樓層內之居室樓地板面積未滿200平方公尺（地下層時為未滿100平方公尺）	1.20公尺以上	

二、建築物使用類組為A-1組者，其觀眾席二側及後側應設置互相連通之走廊並連接直通樓梯。但設於避難層部分其觀眾席樓地板面積合計在300平方公尺以下及避難層以上樓層其觀眾席樓地板面積合計在150平方公尺以下，且為防火構造，不在此限。觀眾席樓地板面積300

建築技規

10-5

平方公尺以下者，走廊寬度不得小於 **1.2** 公尺；超過300平方公尺者，每增加60平方公尺應增加寬度 **10** 公分。

三、走廊之地板面有高低時，其坡度不得超過 **1/10**，並不得設置臺階。

四、防火構造建築物內各層連接直通樓梯之走廊牆壁及樓地板應具有 **1** 小時以上防火時效，並以<u>耐燃**1**級</u>材料裝修為限。

第93條
★★☆
☐check

直通樓梯之設置應依左列規定：

一、任何建築物自避難層以外之各樓層均應設置1座以上之直通樓梯(包括坡道)通達避難層或地面，樓梯位置應設於明顯處所。

二、自樓面居室之任一點至樓梯口之步行距離(即隔間後之可行距離非直線距離)依左列規定：

(一) 建築物用途類組為A類、B-1、B-2、B-3及D-1組者，不得超過30公尺。建築物用途類組

為C類者，除有現場觀眾之電視攝影場不得超過**30**公尺外，不得超過**70**公尺。
(二) 前目規定以外用途之建築物不得超過**50**公尺。
(三) 建築物第15層以上之樓層依其使用應將前二目規定為30公尺者減為**20**公尺，50公尺者減為**40**公尺。
(四) 集合住宅採取複層式構造者，其自無出入口之樓層居室任一點至直通樓梯之步行距離不得超過**40**公尺。
(五) 非防火構造或非使用不燃材料所建造之建築物，不論任何用途，應將本款所規定之步行距離減為**30**公尺以下。

前項第二款至樓梯口之步行距離，應計算至直通樓梯之第一階。但直通樓梯為安全梯者，得計算至進入樓梯間之防火門。

第94條
☆☆☆
○check

避難層自樓梯口至屋外出入口之步行距離不得超過前條規定。

第95條
★☆☆
○check

<u>8</u>層以上之樓層及下列建築物,應自各該層設置<u>2</u>座以上之直通樓梯達避難層或地面:
一、主要構造屬防火構造或使用不燃材料所建造之建築物避難層以外之樓層供下列使用,或地下層樓地板面積在<u>200</u>平方公尺以上者。
　(一) 建築物使用類組為A-1組者。
　(二) 建築物使用類組為F-1組樓層,其病房之樓地板面積超過<u>100</u>平方公尺者。
　(三) 建築物使用類組為H-1、B-4組及供集合住宅使用,且該樓層之樓地板面積超過<u>240</u>平方公尺者。
　(四) 供前三目以外用途之使用,其樓地板面積在避難層直上層超過<u>400</u>平方公尺,其他任一層超

　　　　　　過 **240** 平方公尺者。
二、主要構造非屬防火構造或非使用不燃材料所建造之建築物供前款使用
者，其樓地板面積100平方公尺者應減為50平方公尺；樓地板面積240平方公尺者應減為100平方公尺；樓地板面積400平方公尺者應減為200平方公尺。

前項建築物之樓面居室任一點至2座以上樓梯之步行路徑重複部分之長度不得大於本編第九十三條規定之最大容許步行距離 **1/2**。

第96條
★★☆
○check

下列建築物依規定應設置之直通樓梯，其構造應改為室內或室外之安全梯或特別安全梯，且自樓面居室之任一點至安全梯口之步行距離應合於本編第九十三條規定：

一、通達3層以上，5層以下之各樓層，直通樓梯應至少有一座為**安全梯**。
二、通達6層以上，14層以下或通達地下2層之各樓層，應設置**安全梯**；通達15層以上或地下3層以下之各樓層，

應設置<u>戶外安全梯</u>或<u>特別安全梯</u>。但15層以上或地下3層以下各樓層之樓地板面積未超過100平方公尺者，戶外安全梯或特別安全梯改設為一般安全梯。
三、通達供本編第九十九條使用之樓層者，應為安全梯，其中至少1座應為<u>戶外</u>安全梯或<u>特別</u>安全梯。但該樓層位於5層以上者，通達該樓層之直通樓梯均應為戶外安全梯或特別安全梯，並均應通達<u>屋頂避難平臺</u>。

直通樓梯之構造應具有<u>半</u>小時以上防火時效。

第96-1條 <u>3</u>層以上，<u>5</u>層以下防火構造之建築物，符合下列情形之一者，得免受前條第一項第一款限制：
一、僅供建築物使用類組D-3、D-4組或H-2組之住宅、集合住宅及農舍使用。
二、一棟一戶之連棟式住宅或獨棟住宅同時供其他用途使用，且屬非供公眾使用建築

物。其供其他用途使用部分，為設於地面層及地上2層，且地上2層僅供 D-5、G-2或G-3組使用，並以具有1小時以上防火時效之防火門、牆壁及樓地板與供住宅使用部分區劃分隔。

第97條
★★★
○check

安全梯之構造，依下列規定：
一、室內安全梯之構造：
（一）安全梯間四周牆壁除外牆依前章規定外，應具有1小時以上防火時效，天花板及牆面之裝修材料並以耐燃1級材料為限。
（二）進入安全梯之出入口，應裝設具有1小時以上防火時效及半小時以上阻熱性且具有遮煙性能之防火門，並不得設置門檻；其寬度不得小於90公分。
（三）安全梯間應設有緊急電源之照明設備，其開設採光用之向外窗戶或開口者，應與同幢建築物

之其他窗戶或開口相距**90**公分以上。
二、戶外安全梯之構造：
(一) 安全梯間四周之牆壁除外牆依前章規定外，應具有1小時以上之防火時效。
(二) 安全梯與建築物任一開口間之距離，除至安全梯之防火門外，不得小於**2**公尺。但開口面積在1平方公尺以內，並裝置具有半小時以上之防火時效之防火設備者，不在此限。
(三) 出入口應裝設具有1小時以上防火時效且具有半小時以上阻熱性之防火門，並不得設置門檻，其寬度不得小於**90**公分。但以室外走廊連接安全梯者，其出入口得免裝設防火門。
(四) 對外開口面積(非屬開設窗戶部分)應在**2**平方公尺以上。

三、<u>特別安全梯</u>之構造：
　（一）樓梯間及排煙室之四週牆壁除外牆依前章規定外，應具有1小時以上防火時效，其天花板及牆面之裝修，應為<u>耐燃1級</u>材料。管道間之維修孔，並不得開向樓梯間。
　（二）樓梯間及排煙室，應設有緊急電源之照明設備。其開設採光用固定窗戶或在陽臺外牆開設之開口，除開口面積在1平方公尺以內並裝置具有半小時以上之防火時效之防火設備者，應與其他開口相距<u>90</u>公分以上。
　（三）自室內通陽臺或進入排煙室之出入口，應裝設具有<u>1</u>小時以上防火時效及<u>半</u>小時以上<u>阻熱性</u>之防火門，自陽臺或排煙室進入樓梯間之出入口應裝設具有半小時以

　　　　　　上防火時效之防火門。
　　(四) 樓梯間與排煙室或陽臺之間所開設之窗戶應為<u>固定窗</u>。
　　(五) 建築物達 <u>15</u> 層以上或地下層 <u>3</u> 層以下者，各樓層之特別安全梯，如供建築物使用類組 A-1、B-1、B-2、B-3、D-1 或 D-2 組使用者，其樓梯間與排煙室或樓梯間與陽臺之面積，不得小於各該層居室樓地板面積 **5%**；如供其他使用，不得小於各該層居室樓地板面積 3%。

安全梯之樓梯間於避難層之出入口，應裝設具 <u>1</u> 小時防火時效之防火門。

建築物各棟設置之安全梯，應至少有 <u>1</u> 座於各樓層僅設 <u>1</u> 處出入口且不得直接連接居室。

第97-1條
☆☆☆　○check

前條所定特別安全梯不得經由他座特別安全梯之排煙室或陽臺進入。

第98條
☆☆☆
○check

直通樓梯每一座之寬度依本編第三十三條規定,且其總寬度不得小於左列規定:

一、供商場使用者,以該建築物各層中任一樓層(不包括避難層)商場之最大樓地板面積每 **100** 平方公尺寬 **60** 公分之計算值,並以避難層為分界,分別核計其直通樓梯總寬度。

二、建築物用途類組為A-1組者,按觀眾席面積每 **10** 平方公尺寬 **10** 公分之計算值,且其1/2寬度之樓梯出口,應設置在戶外出入口之近旁。

三、一幢建築物於不同之樓層供二種不同使用,直通樓梯總寬度應逐層核算,以使用<u>較嚴(最嚴)之樓層</u>為計算標準。但距離避難層遠端之樓層所核算之總寬度小於近端之樓層總寬度者,得分層核算直通樓梯總寬度,且核算後距避難層近端樓層之總寬度不得小於遠端樓層之總寬度。同一樓層供 **2** 種以上不

第99條
★★☆
○check

建築物在5層以上之樓層供建築物使用類組A-1、B-1及B-2組使用者，應依左列規定設置具有戶外安全梯或特別安全梯通達之屋頂避難平臺：

一、屋頂避難平臺應設置於**5層**以上之樓層，其面積合計不得小於該棟建築物5層以上最大樓地板面積**1/2**。屋頂避難平臺任一邊邊長不得小於**6**公尺，分層設置時，各處面積均不得小於**200**平方公尺，且其中一處面積不得小於該棟建築物5層以上最大樓地板面積1/3。

二、屋頂避難平臺面積範圍內不得建造或設置妨礙避難使用之工作物或設施，且通達特別安全梯之最小寬度不得小於**4**公尺。

三、屋頂避難平臺之樓地板至少應具有**1**小時以上之防火時效。

四、與屋頂避難平臺連接之外牆應具有1小時以上防火時效，開設之門窗應具有半小時以上防火時效。

第99-1條 供下列各款使用之樓層，除避難層外，各樓層應以具1小時以上防火時效之牆壁及防火設備分隔為2個以上之區劃，各區劃均應以走廊連接安全梯，或分別連接不同安全梯：

一、建築物使用類組F-2組之機構、學校。

二、建築物使用類組F-1或H-1組之護理之家、產後護理機構、老人福利機構及住宿型精神復健機構。

前項區劃之樓地板面積不得小於同樓層另一區劃樓地板面積之 1/3。區劃及安全梯出入口裝設之防火設備，應具有遮煙性能；自一區劃至同樓層另一區劃所需經過之出入口，寬度應為120公分以上，出入口設置之防火門，關閉後任一方向均應免用鑰匙即可開啟，並得不受同編第七十六條第五款限制。

第二節　排煙設備

第100條
★☆☆
○check

左列建築物應設置排煙設備。但樓梯間、昇降機間及其他類似部份，不在此限：
一、供本編第六十九條第一類、第四類使用及第二類之養老院、兒童福利設施之建築物，其每層樓地板面積超過500平方公尺者。但每100平方公尺以內以分間牆或以防煙壁區劃分隔者，不在此限。
二、本編第一條第三十一款第三目所規定之無窗戶居室。
前項第一款之防煙壁，係指以<u>不燃材料</u>建造之<u>垂壁</u>，自天花板下垂<u>50公分</u>以上。

第101條
★★★
○check

排煙設備之構造，應依左列規定：
一、每層樓地板面積在<u>500</u>平方公尺以內，得以防煙壁區劃，區劃範圍內任一部份至排煙口之水平距離，不得超過<u>45</u>公尺，排煙口之開口面積，不得小於防煙區劃部份樓地板面積<u>2%</u>，並應開設在天花板或天花板下<u>80</u>公分範圍

10-18

內之外牆，或直接與排煙風道(管)相接。
二、排煙口在平時應保持關閉狀態，需要排煙時，以手搖式裝置，或利用煙感應器連動之自動開關裝置、或搖控式開關裝置予以開啟，其開口門扇之構造應注意不受開放排煙時所發生氣流之影響。
三、排煙口得裝置手搖式開關，開關位置應在距離樓地板面80公分以上1.5公尺以下之牆面上。其裝設於天花板者，應垂吊於高出樓地板面1.8公尺之位置，並應標註淺易之操作方法說明。
四、排煙口如裝設排風機，應能隨排煙口之開啟而自動操作，其排風量不得小於每分鐘120立方公尺，並不得小於防煙區劃部份之樓地板面積每平方公尺1立方公尺。
五、排煙口、排煙風道(管)及其他與火煙之接觸部份，均應以不燃材料建造，排煙風道(管)之構造，應符合本編第

五十二條第三、四款之規定，其貫穿防煙壁部份之空隙，應以水泥砂漿或以不燃材料填充。
六、需要電源之排煙設備，應有緊急電源及配線之設置，並依建築設備編規定辦理。
七、建築物高度超過 **30** 公尺或地下層樓地板面積超過 **1000** 平方公尺之排煙設備，應將控制及監視工作集中於中央管理室。

第102條
★★☆
○check

一、應設置可開向戶外之窗戶，其面積不得小於 **2** 平方公尺，二者兼用時，不得小於 **3** 平方公尺，並應位於天花板高度 **1/2** 以上範圍內。
二、未設前款規定之窗戶時，應依其規定位置開設面積在 **4** 平方公尺以上之排煙口，(兼排煙室使用時，應為 **6** 平方公尺以上)，並直接連通排煙管道。
三、排煙管道之內部斷面積，不得小於 **6** 平方公尺(兼排煙室使用時，不得小於 **9** 平方公

尺)，並應垂直裝置，其頂部應直接通向戶外。
四、設有每秒鐘可進、排 4 立方公尺以上，並可隨進風口、排煙口之開啟而自動操作之進風機、排煙機者，得不受第二款、第三款、第五款之限制。
五、進風口之開口面積，不得小於1平方公尺(兼作排煙室使用時，不得小於1.5平方公尺)，開口位置應開設在樓地板或設於天花板高度1/2以下範圍內之牆壁上。開口應直通連接戶外之進風管道，管道之內部斷面積，不得小於2平方公尺(兼作排煙室使用時，不得小於3平方公尺)。
六、排煙室之開關裝置及緊急電源設備，依本編第一〇一條之規定辦理。

第103條 (刪除)

第三節 緊急照明設備

第104條 左列建築物,應設置緊急照明設備:
☆☆☆
○check
一、供本編第六十九條第一類、第四類及第二類之醫院、旅館等用途建築物之居室。
二、本編第一條第三十一款第(一)目規定之無窗戶或無開口之居室。
三、前二款之建築物,自居室至避難層所需經過之走廊、樓梯、通道及其他平時依賴人工照明之部份。

第105條 緊急照明之構造應依建築設備篇之規定。
☆☆☆
○check

第四節 緊急用昇降機

第106條 依本編第五十五條規定應設置之緊急用昇降機,其設置標準依左列規定:
★★☆
○check
一、建築物高度超過 <u>10</u> 層樓以上部分之最大一層樓地板面積,在1500平方公尺以下者,至少應設置 <u>1</u> 座;超過

　　　　1500平方公尺時,每達 **3000** 平方公尺,增設1座。
二、左列建築物不受前款之限制:
　　(一) 超過10層樓之部分為樓梯間、昇降機間、機械室、裝飾塔、屋頂窗及其他類似用途之建築物。
　　(二) 超過10層樓之各層樓地板面積之和未達 **500** 平方公尺者。

第107條
★★☆
○check

緊急用昇降機之構造除本編第二章第十二節及建築設備編對昇降機有關機廂、昇降機道、機械間安全裝置、結構計算等之規定外,並應依下列規定:
一、機間:
　　(一) 除避難層、集合住宅採取複層式構造者其無出入口之樓層及整層非供居室使用之樓層外,應能連通每一樓層之任何部分。
　　(二) 四周應為具有 **1** 小時以上防火時效之牆壁及樓板,其天花板及牆裝

修，應使用耐燃1級材料。
(三) 出入口應為具有1小時以上防火時效之防火門。除開向特別安全梯外，限設一處，且不得直接連接居室。
(四) 應設置排煙設備。
(五) 應有緊急電源之照明設備並設置消防栓、出水口、緊急電源插座等消防設備。
(六) 每座昇降機間之樓地板面積不得小於10平方公尺。
(七) 應於明顯處所標示昇降機之活載重及最大容許乘座人數，避難層之避難方向、通道等有關避難事項，並應有可照明此等標示以及緊急電源之標示燈。
二、機間在避難層之位置，自昇降機出口或昇降機間之出入口至通往戶外出入口之步行距離不得大於30公尺。戶外

　　　　出入口並應臨接寬 <u>4</u> 公尺以上之道路或通道。
三、昇降機道應每二部昇降機以具有 <u>1</u> 小時以上防火時效之牆壁隔開。但連接機間之出入口部分及連接機械間之鋼索、電線等周圍，不在此限。
四、應有能使設於各層機間及機廂內之昇降控制裝置暫時停止作用，並將機廂呼返避難層或其直上層、下層之特別呼返裝置，並設置於避難層或其直上層或直下層等機間內，或該大樓之集中管理室(或防災中心)內。
五、應設有連絡機廂與管理室(或防災中心)間之電話系統裝置。
六、應設有使機廂門維持開啟狀態仍能昇降之裝置。
七、整座電梯應連接至<u>緊急電源</u>。
八、昇降速度每分鐘不得小於 <u>60</u> 公尺。

第五節　緊急進口

第108條
★★★
○check

建築物在**2**層以上，第10層以下之各樓層，應設置緊急進口。但面臨道路或寬度4公尺以上之通路，且各層之外牆每**10**公尺設有窗戶或其他開口者，不在此限。
前項窗戶或開口寬應在**75**公分以上及高度**1.2**公尺以上，或直徑**1**公尺以上之圓孔，開口之下緣應距樓地板**80**公分以下，且無柵欄，或其他阻礙物者。

第109條
★★★
○check

緊急進口之構造應依左列規定：
一、進口應設地面臨道路或寬度在**4**公尺以上通路之各層外牆面。
二、進口之間隔不得大於**40**公尺。
三、進口之寬度應在**75**公分以上，高度應在**1.2**公尺以上。其開口之下端應距離樓地板面**80**公分範圍以內。
四、進口應為可自外面開啟或輕易破壞得以進入室內之構造。

五、進口外應設置陽台,其寬度應為 **1** 公尺以上,長度 **4** 公尺以上。

六、進口位置應於其附近以<u>紅色燈</u>作為標幟,並使人明白其為緊急進口之標示。

第六節　防火間隔

第110條
★☆☆
○check

防火構造建築物,除基地鄰接寬度 **6** 公尺以上之道路或深度6公尺以上之永久性空地側外,依左列規定:

一、建築物自基地境界線退縮留設之防火間隔未達 **1.5** 公尺範圍內之外牆部分,應具有1小時以上防火時效,其牆上之開口應裝設具同等以上防火時效之防火門或固定式防火窗等防火設備。

二、建築物自基地境界線退縮留設之防火間隔在 **1.5** 公尺以上未達 <u>**3公尺**</u> 範圍內之外牆部分,應具有 **半** 小時以上防火時效,其牆上之開口應裝設具同等以上防火時效之防火門窗等防火設備。但同一居

室開口面積在3平方公尺以下，且以具半小時防火時效之牆壁(不包括裝設於該牆壁上之門窗)與樓板區劃分隔者，其外牆之開口不在此限。

三、一基地內2幢建築物間之防火間隔未達**3**公尺範圍內之外牆部分，應具有**1**小時以上防火時效，其牆上之開口應裝設具同等以上防火時效之防火門或固定式防火窗等防火設備。

四、一基地內2幢建築物間之防火間隔在3公尺以上未達6公尺範圍內之外牆部分，應具有<u>半</u>小時以上防火時效，其牆上之開口應裝設具同等以上防火時效之防火門窗等防火設備。但同一居室開口面積在3平方公尺以下，且以具半小時防火時效之牆壁(不包括裝設於該牆壁上之門窗)與樓板區劃分隔者，其外牆之開口不在此限。

五、建築物配合本編第九十條規定之避難層出入口,應在基地內留設淨寬 **1.5** 公尺之避難用通路自出入口接通至道路,避難用通路得兼作防火間隔。臨接避難用通路之建築物外牆開口應具有 1 小時以上防火時效及半小時以上之阻熱性。

六、市地重劃地區,應由直轄市、縣(市)政府規定整體性防火間隔,其淨寬應在 **3** 公尺以上,並應接通道路。

第110-1條
☆☆☆
○check

非防火構造建築物,除基地鄰接寬度 6 公尺以上道路或深度 6 公尺以上之永久性空地側外,建築物應自基地境界線(後側及兩側)退縮留設淨寬 **1.5** 公尺以上之防火間隔。一基地內兩幢建築物間應留設淨寬 **3** 公尺以上之防火間隔。

前項建築物自基地境界線退縮留設之防火間隔超過 **6** 公尺之建築物外牆與屋頂部分,及一基地內 2 幢建築物間留設之防火間隔超過 12 公尺之建築物外牆與屋頂部分,得不受本編第八十四條之

　　　　　　　一應以不燃材料建造或覆蓋之限
　　　　　　　制。

第110-2條 (刪除)

第111條 (刪除)。

第112條 (刪除)。

第七節　消防設備

第113條　建築物應按左列用途分類分別設
☆☆☆　　置滅火設備、警報設備及標示設
○check　備，應設置之數量及構造應依建
　　　　築設備編之規定：
　　　　一、第一類：戲院、電影院、歌
　　　　　　廳、演藝場及集會堂等。
　　　　二、第二類：夜總會、舞廳、酒
　　　　　　家、遊藝場、酒吧、咖啡廳、
　　　　　　茶室等。
　　　　三、第三類：旅館、餐廳、飲食
　　　　　　店、商場、超級市場、零售
　　　　　　市場等。
　　　　四、第四類：招待所(限於有寢
　　　　　　室客房者)寄宿舍、集合住
　　　　　　宅、醫院、療養院、養老院、
　　　　　　兒童福利設施、幼稚園、盲
　　　　　　啞學校等。

五、第五類：學校補習班、圖書館、博物館、美術館、陳列館等。
六、第六類：公共浴室。
七、第七類：工廠、電影攝影場、電視播送室、電信機器室。
八、第八類：車站、飛機場大廈、汽車庫、飛機庫、危險物品貯藏庫等，建築物依法附設之室內停車空間等。
九、第九類：辦公廳、證券交易所、倉庫及其他工作場所。

第114條
★★★
○check

滅火設備之設置依左列規定：
一、室內消防栓應設置合於左列規定之樓層：
(一) 建築物在第5層以下之樓層供前條第一款使用，各層之樓地板面積在300平方公尺以上者；供其他各款使用(學校校舍免設)，各層之樓地板面積在500平方公尺以上者。但建築物為防火構造，合於本編第八十八條規定者，其樓地板面積加倍計算。

(二) 建築物在第6層以上之樓層或地下層或無開口之樓層，供前條各款使用，各層之樓地板面積在150平方公尺以上者。但建築物為防火構造，合於本編第八十八條規定者，其樓地板面積加倍計算。

(三) 前條第九款規定之倉庫，如為儲藏危險物品者，依其貯藏量及物品種類稱另以行政命令規定設置之。

二、自動撒水設備應設置於左列規定之樓層：

(一) 建築物在第6層以上，第10層以下之樓層，或地下層或無開口之樓層，供前條第一款使用之舞台樓地板面積在300平方公尺以上者，供第二款使用，各層之樓地板面積在1000平方公尺以上者；供第三款、第四款(寄宿舍，

集合住宅除外)使用，各層之樓地板面積在 1500 平方公尺以上者。

(二) 建築物在第 11 層以上之樓層，各層之樓地板面積在 100 平方公尺以上者。

(三) 供本編第一一三條第八款使用，應視建築物各部份使用性質就自動撒水設備、水霧自動撒水設備、自動泡沫滅火設備、自動乾粉滅火設備、自動二氧化碳設備或自動揮發性液體設備等選擇設置之，但室內停車空間之外牆開口面積(非屬門窗部份)達 1/2 以上，或各樓層防火區劃範圍內停駐車位數在 20 輛以下者，免設置。

(四) 危險物品貯藏庫，依其物品種類及貯藏量另以行政命令規定設置之。

第115條
★★☆
〇check

建築物依左列規定設置警報設備。其受信機(器)並應集中管理,設於總機室或值日室。但依本規則設有自動撒水設備之樓層,免設警報設備。

一、火警自動警報設備應在左列規定樓層之適當地點設置之:
 (一) 地下層或無開口之樓層或第 **6** 層以上之樓層,各層之樓地板面積在 **300** 平方公尺以上者。
 (二) 第五層以下之樓層,供本編第一一三條第一款至第四款使用,各層之樓地板面積在 **300** 平方公尺以上者。但零售市場、寄宿舍、集合住宅應為 **500** 平方公尺以上;第五款至第九款使用各層之樓地板面積在 **500** 公尺以上者;第九款之其他工作場所在 **1000** 平方公尺以上者。

二、手動報警設備:第 **3** 層以上,各層之樓地板面積在 **200** 平方公尺以上,且未裝設自動

　　　　　　　警報設備之樓層，應依建築設備編規定設置之。
三、廣播設備：第**6**層以上(集合住宅除外)，裝設火警自動警報設備之樓層，應裝設之。

第116條
★☆☆
○check

供本編第一一三條第一款、第二款使用及第三款之旅館使用者，依左列規定設置標示設備：
一、<u>出口標示燈</u>：各層通達安全梯及戶外或另一防火區劃之防火門上方，觀眾席座位間通路等應設置標示燈。
二、<u>避難方向指標</u>：通往樓梯、屋外出入口、陽台及屋頂平台等之走廊或通道應於樓梯口、走廊或通道之轉彎處，設置或標示固定之避難方向指標。

第四章之一　建築物安全維護設計

第116-1條
☆☆☆
○check

為強化及維護使用安全，供公眾使用建築物之公共空間應依本章規定設置各項安全維護裝置。

第116-2條 前條安全維護裝置應依下表規定設置：

☆☆☆
○check

空間種類	裝置物名稱	安全維護照明裝置	監視攝影裝置	緊急求救裝置	警戒探測裝置	備註
(一)	停車空間 室內	○	○	○		
	停車空間 室外	○	○			
(二)	車道	○	○	○		汽車進出口至道路間之通路
(三)	車道出入口	○	○	△		
(四)	機電設備空間出入口				△	
(五)	電梯車廂內		○			
(六)	安全梯間	○	△	△		
(七)	屋突層機械室出入口				△	
(八)	屋頂避難平台出入口				△	
(九)	屋頂空中花園		△			
(十)	公共廁所	○	△	○	△	
(十一)	室內公共通路走廊		△	○		
(十二)	基地內通路	○	△			
(十三)	排煙室		△			
(十四)	避難層門廳		△			
(十五)	避難層出入口	○	△		△	

說明：「○」指至少必須設置一處。「△」指由申請人視實際需要自由設置。

第116-3條 安全維護照明裝置照射之空間範圍,其地面照度基準不得小於下表規定:

★★☆
○check

	空間種類	照度基準(lux)
(一)	停車空間(室內)	60
(二)	停車空間(室外)	30
(三)	車道	30
(四)	車道出入口	100
(五)	安全梯間	60
(六)	公共廁所	100
(七)	基地內通路	60
(八)	避難層出入口	100

第116-4條 監視攝影裝置應依下列規定設置:

☆☆☆
○check

一、應依監視對象、監視目的選定適當形式之監視攝影裝置。
二、攝影範圍內應維持攝影必要之照度。
三、設置位置應避免與太陽光及照明光形成逆光現象。
四、屋外型監視攝影裝置應有耐候保護裝置。
五、監視螢幕應設置於警衛室、管理員室或防災中心。

設置前項裝置,應注意隱私權保護。

第116-5條 緊急求救裝置應依下列方式之一設置：
☆☆☆
○check
一、按鈕式：觸動時應發出警報聲。
二、對講式：利用電話原理，以相互通話方式求救。
前項緊急求救裝置應連接至警衛室、管理員室或防災中心。

第116-6條 警戒探測裝置得採用下列方式設置：
☆☆☆
○check
一、碰撞振動感應。
二、溫度變化感應。
三、人通過感應。
警戒探測裝置得與監視攝影、照明等其他安全維護裝置形成連動效用。

第116-7條 各項安全維護裝置應有備用電源供應，並具有防水性能。
☆☆☆
○check

消防法規隨身讀 (第三冊)

作　　者：江軍 / 劉誠　彙編
企劃編輯：郭季柔
文字編輯：江雅鈴
設計裝幀：張寶莉
發 行 人：廖文良

發 行 所：碁峰資訊股份有限公司
地　　址：台北市南港區三重路 66 號 7 樓之 6
電　　話：(02)2788-2408
傳　　真：(02)8192-4433
網　　站：www.gotop.com.tw
書　　號：ACR00990003
版　　次：2025 年 03 月初版
建議售價：NT$690 (全套三冊)

國家圖書館出版品預行編目資料

消防法規隨身讀 / 江軍, 劉誠彙編. -- 初版. -- 臺北
市：碁峰資訊, 2025.03
　　冊；　公分
ISBN 978-626-425-025-2(全套：平裝)
1.CST: 消防法規
575.87023　　　　　　　　　　　　　114001966

商標聲明：本書所引用之國內外公司各商標、商品名稱、網站畫面，其權利分屬合法註冊公司所有，絕無侵權之意，特此聲明。

版權聲明：本著作物內容僅授權合法持有本書之讀者學習所用，非經本書作者或碁峰資訊股份有限公司正式授權，不得以任何形式複製、抄襲、轉載或透過網路散佈其內容。
版權所有．翻印必究

本書是根據寫作當時的資料撰寫而成，日後若因資料更新導致與書籍內容有所差異，敬請見諒。若是軟、硬體問題，請您直接與軟、硬體廠商聯絡。